多孔介质中的溶质横向混合

叶 逾 鲁春辉◎著

河海大学出版社
HOHAI UNIVERSITY PRESS
·南京·

图书在版编目(CIP)数据

多孔介质中的溶质横向混合 / 叶逾，鲁春辉著. --
南京 ：河海大学出版社，2023.1(2024.5 重印)
ISBN 978-7-5630-7993-3

Ⅰ. ①多… Ⅱ. ①叶… ②鲁… Ⅲ. ①多孔介质一流
体动力学 Ⅳ. ①O357.3

中国国家版本馆 CIP 数据核字(2023)第 020207 号

书　　名　多孔介质中的溶质横向混合
　　　　　　DUOKONG JIEZHI ZHONG DE RONGZHI HENGXIANG HUNHE
书　　号　ISBN 978-7-5630-7993-3
责任编辑　张心怡
责任校对　金　怡
封面设计　张世立
出版发行　河海大学出版社
地　　址　南京市西康路 1 号(邮编:210098)
电　　话　(025)83737852(总编室)　(025)83787746(编辑室)
　　　　　　(025)83722833(营销部)
经　　销　江苏省新华发行集团有限公司
排　　版　南京布克文化发展有限公司
印　　刷　广东虎彩云印刷有限公司
开　　本　718 毫米×1000 毫米　1/16
印　　张　9.5
字　　数　170 千字
版　　次　2023 年 1 月第 1 版
印　　次　2024 年 5 月第 3 次印刷
定　　价　68.00 元

前言

多孔介质中的弥散是导致保守性溶质稀释和反应性溶质混合的主要驱动机制。然而，由于弥散过程的复杂性，使得正确量化弥散及溶质混合仍是多孔介质溶质运移研究中的难点问题。弥散在三维空间中又可分解为纵向弥散和横向弥散，前者与水流方向一致，后者垂直于水流方向。在溶质源持续释放溶质的条件下，多孔介质中可形成稳态或近似稳态的溶质羽，此时的纵向弥散只发生在溶质羽的运移前端，相比于发生在整条溶质羽边缘的横向弥散，纵向弥散可以忽略不计。前人的野外观测研究同样证实，横向弥散经常成为含水层中持续性污染羽发生反应和降解的主要限制因素。

多孔介质的非均质性和各向异性改变均匀流场，进一步加强了溶质横向弥散的复杂性。已有研究结果表明，多孔介质的非均质性导致流动的聚集和离散，从而增强溶质横向混合；多孔介质的各向异性使得流线发生回旋，显著影响着溶质弥散和运移。然而，上述研究大多在二维流动系统中进行，三维系统中的研究较为少见，三维实验研究更是稀少。

本书利用实验和模拟的双重手段，系统研究了二维和三维多孔介质中的横向弥散及溶质混合规律，探索了多孔介质非均质性和各向异性对溶质混合的作用机理，开发了利用横向混合过程加快含水层中污染物降解的有效方法。本书的主要内容为：

(1) 通过室内多元保守性溶质运移实验，发现了三维均质多孔介质中横向弥散的化合物特征性效应，由此拓展了横向弥散系数的非线性、化合物特征性参数化方程；对比了二维和三维均质多孔介质中的溶质横向混合，得出系统维度会显著影响溶质混合程度的结论，并推导了三维系统中量化保守性溶质稀释程度的半解析表达式。

(2) 针对多孔介质非均质性对溶质运移的影响问题，通过在二维和三维多孔介质基质中加入高渗透性透镜体的方式，给出了不同维度系统中多孔介质非均质性增强溶质混合的机理，即二维系统中的混合增强主要来源于相邻流线间距离的缩短和横向弥散的加强，而三维系统中的混合增强主要来源于透镜体中横向弥散系数的增大；横向弥散的化合物特征性效应在三维非均质系统中仍有所体现。

（3）针对多孔介质各向异性对溶质运移的影响问题，通过构建宏观各向异性多孔介质结构，用实验证明了各向异性多孔介质中螺旋流的存在及其对溶质混合的增强机理；分析了各向异性几何设置及其空间位置对保守性和反应性溶质混合的作用规律，提出了当各向异性多孔介质中的溶质混合得到大幅提升后，溶质化合物特征性效应被减弱、溶质反应动力学主导控制总反应速率的论断。

（4）基于横向混合物理过程，提出了多筛孔井系统，通过实验和数值模拟验证了多筛孔井系统对增强溶质反应性混合的有效性，并推导了多筛孔井系统的最优开筛间距，为多筛孔井的设计提供理论指导。

本书是以作者叶逾（河海大学水文水资源与水利工程科学国家重点实验室、河海大学水利水电学院，副教授）的博士毕业论文和其所主持的国家自然科学基金青年项目结题报告中与作者鲁春辉（河海大学水文水资源与水利工程科学国家重点实验室、河海大学长江保护与绿色发展研究院、河海大学水利水电学院，教授）等合作得到的研究成果为基础撰写而成的。全书大纲由所有作者共同商定，由叶逾执笔，由鲁春辉对全书审阅并提出修改意见。本书的插图绘制、格式调整等工作则由研究生张宇、蔡芳敏、许文瑜和刘森共同完成，在此向他们表示感谢。

本书获以下项目资助：国家重点研发计划项目“黄淮海地区地下水超采治理与保护关键技术及应用示范”（National Key R&D Program of China）（2021YFC3200500）、国家自然科学基金青年项目“非均质各向异性三维孔隙介质中羽流横向混合机制研究”（Youth Project of National Natural Science Foundation of China）（51709085）和中央高校基本科研业务费项目“三维复杂地质环境中提升地下水修复效率的方法研究”（Fundamental Research Funds for the Central Universities）（B220202060）。在此，深表感谢！

限于作者的水平和研究深度，书中难免出现不足、疏漏或不正之处，恳请读者批评指正。

作者

2022 年 9 月

目录

第 1 章

绪论

1.1 研究背景及意义

地下水是淡水资源的重要组成部分，是社会发展的重要支撑，在社会可持续发展和生态文明建设中具有重要地位。在我国水资源短缺的北方地区，65%的生活用水均来自地下水。虽然我国南方地区地表水资源丰富，但由于地下水具有供水稳定、水质较好等优点，所以其也是重要的供水水源。因此，提供清洁的地下水是保证人民身体健康安全的重要前提之一。然而，近几十年来，工业、农业的高速发展以及城市群的快速崛起致使产生了大量的工业废水、农业污水、生活脏水以及垃圾填埋场，废水、污水、脏水的不合理处置以及垃圾填埋场的渗漏会使得污染物进入含水层，随着地下水的流动，污染物在含水层中形成污染羽，长期污染地下水，极大地增加了人们饮用地下水的风险，如图 1-1 所示。

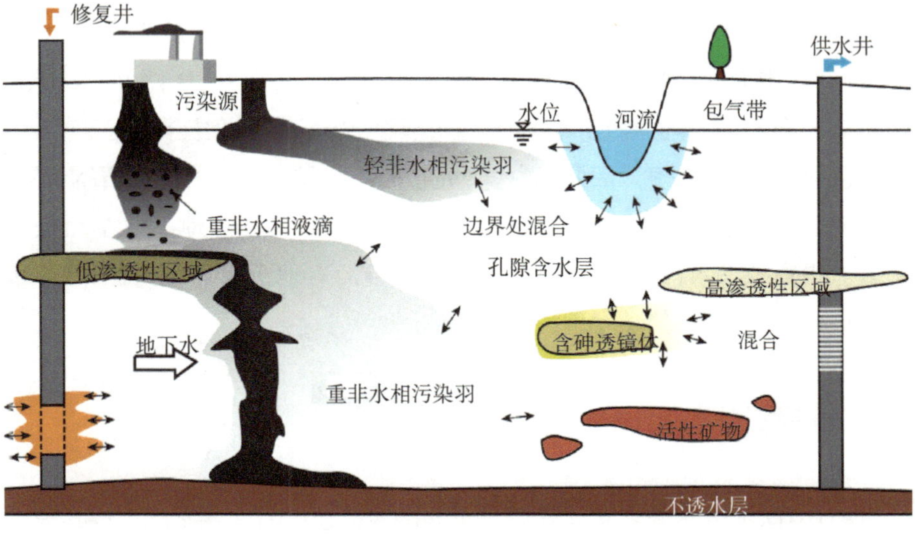

图 1-1 地下水污染示意图

2021 年 5 月公布的《2020 中国生态环境状况公报》显示，在自然资源部门 10 171 个地下水水质监测点中，Ⅰ～Ⅲ类水质监测点仅占 13.6%，Ⅳ类占 68.8%，Ⅴ类占 17.6%；在水利部门 10 242 个地下水水质监测点中，Ⅰ～Ⅲ类水质监测点占22.7%，Ⅳ类占33.7%，Ⅴ类占43.6%，主要超标指标为锰、总硬度和溶解性总固体。因此，地下水污染防治仍是我国当前所面临的重要课题，地下水修复是我国必将实行的有利举措。事实上，2019年被定义为打好污染防治攻坚战的关键之年，生态环境部、自然资源部等五部委联合发布了《地下水污染防治实施方案》，启动地下水污染防治试点，并明确了“到2025年，地级及以上城市集中式地下水型饮用水源水质达到或优于Ⅲ类比例总体为85%左右”的目标。

污染羽的自然衰减和地下水的原位修复效率在很大程度上取决于溶质间的混合过程[1,2]。已有众多研究结果表明，在自然衰减的过程中，生物化学反应主要发生于污染羽边缘，此处的电子受体与电子供体正是通过混合过程同时存在，为反应的进行提供前提条件[3-7]。而在许多重非水相流体倾泻场地和垃圾填埋场等污染场地中，污染物被连续地释放至含水层中，其持续时间通常达到几十年之久。当污染源释放的物质量与降解所消耗的物质量达到动态平衡时，污染羽也随之达到稳态[8,9]。在该情形下，横向混合过程便成为限制反应进行的主要因素[10-12]。横向混合的发生由横向弥散驱动，然而均质多孔介质中的横向弥散系数很小，通常在$10^{-11}\sim10^{-8}$ m^2/s之间[13]，所幸的是，多孔介质的非均质性和各向异性可显著提升溶质的混合程度[14-17]，大大提高污染物降解效率。因此，深入研究不同条件下的横向弥散及溶质混合过程，是准确描绘地下水中污染物运移的必要手段，为评估地下水中污染羽的长度、提高地下水污染修复效率提供理论基础，对地下水环境保护、地下水资源管理等具有重要的学术价值和实际应用意义。

1.2 研究现状

针对横向弥散及混合开展的科学研究已经持续了百余年之久[18]，其理论发展已相对完善，然而，由于含水层介质的非均质性和各向异性、含水层内部的不可见性、生物化学反应的复杂性等原因，使得人们对地下水的流动及溶质运移过程仍不能精准把控，对地下水修复效率的预测仍存在显著偏差。本节首先介绍横向弥散理论及其参数化方程，随后介绍溶质混合及混合增强机理研究现状，进而介绍量化溶质混合的系列参数与方法。

1.2.1 多孔介质中的横向弥散

多孔介质中的稳态溶质运移方程通常可用传统的对流-弥散-反应方程进行描述，其方程式为

$$\boldsymbol{u} \cdot \nabla c - \nabla \cdot (\boldsymbol{D} \nabla c) = r \tag{1-1}$$

式中，$\boldsymbol{u}$ 为实际平均流速，m/s；c 为溶质浓度，mol/m^3；$\boldsymbol{D}$ 为水动力弥散系数张量，m^2/s；r 为反应速率，mol/(m^3 · s)。对保守性溶质来说，上式中的反应速率为零。

水动力弥散系数正是用于描述溶质在多孔介质中弥散过程的重要参数，它包含纵向弥散系数和横向弥散系数，前者用来衡量由平行于水流方向的浓度梯度差所导致的弥散，后者则针对的是由垂直于水流方向的浓度梯度差所导致的弥散。对于稳态污染羽来说，横向弥散控制着污染羽的混合与反应，纵向弥散的作用相对微弱，通常可以忽略不计[19]。多孔介质中的弥散系数被定义为孔隙扩散系数和机械弥散的总和[13]，其中，横向弥散系数可表示为

$$D_t = D_p + D_{mech} \tag{1-2}$$

式中，D_t 为横向弥散系数，m^2/s；D_p 为孔隙扩散系数，m^2/s；D_{mech} 为机械弥散系数，m^2/s。其中，孔隙扩散来源于分子的布朗运动，其扩散量与浓度梯度成正比，满足菲克第一定律，其一维表达式可写成

$$F = D_{aq} \frac{\mathrm{d}c}{\mathrm{d}x} \tag{1-3}$$

式中，F 为单位时间通过单位面积的溶质质量，mol/(m^2 · s)；D_{aq} 为水动力扩散系数，m^2/s；x 为沿浓度梯度方向的坐标，m。

在多孔介质中，分子扩散只能在孔隙中进行。因此，考虑可供扩散的横截面积的减少、孔隙曲折度及孔隙尺寸所引发的效应，孔隙扩散系数小于自由水动力扩散系数。在大多数实际情况中，孔隙曲折度及孔隙尺寸无法被精确测量，孔隙扩散系数通常来源于经验公式[20,21]。在全饱和的情况下，孔隙扩散系数可表示为

$$D_p = D_{aq} n_e \tag{1-4}$$

式中，n_e为有效孔隙度。

机械弥散的产生源于 3 个方面(如图 1-2 所示)：(1)孔隙大小不一，大孔隙中的平均流速相对较大；(2)当流体流经孔隙时，流速大小不一，孔隙中心处的流速最大，而孔壁处的流速为零；(3)在相同直线距离条件下，流体质点流经的路径各不相同。

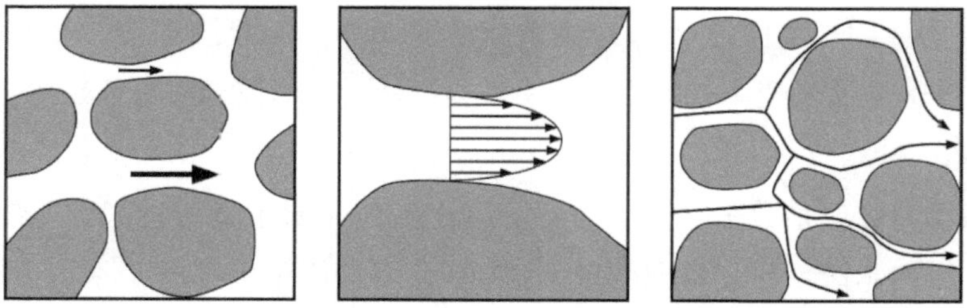

图 1-2　多孔介质中机械弥散来源机理

参考毛细管网中的随机漫步理论，机械弥散被认为线性依赖于流速及多孔介质颗粒尺寸[22-24]，常用的一个线性参数化方程为[25]

$$D_{mech} = \alpha_t u \tag{1-5}$$

式中，α_t为横向弥散度，m；u 为实际平均流速大小，m/s。横向弥散度的大小取决于多孔介质，在严格假设条件下，α_t正比于介质颗粒尺寸[25]。

联合式(1-2)、式(1-4)和式(1-5)可知，当流速足够大时，孔隙扩散项可忽略不计，并且不同化合物之间的横向弥散程度相等。然而，众多实验研究结果表明，在大幅度流速变化范围内，机械弥散非线性依赖于流速[26-33]。同时，Bear 和 Bachmat[34]早在 1967 年就理论推导了机械弥散系数的化合物特征性(compound-specific)，即机械弥散大小依赖于溶质化合物的种类，论证了分子扩散是机械弥散不可分割的关键机制，应考虑将其包含于机械弥散项中，其表达式为

$$D_t = D_p + \alpha_t u f(Pe, \delta) \tag{1-6}$$

式中，$f(Pe,\delta)$被定义为

$$f(Pe, \delta) = \frac{Pe}{Pe + 2 + 4 \cdot \delta^2} \tag{1-7}$$

式中，$Pe=ud/D_{aq}$ 为 Péclet 数；d 为多孔介质颗粒粒径，mm；δ 为孔隙通道长度与水力半径的比值。

Chiogna 等[35]在 2010 年利用二维砂槽开展实验，通过拟合荧光素钠、氧气、溴离子等化合物的浓度测量值与对流-弥散方程，推导了具有普适性的非线性、化合物特征性横向弥散参数化方程

$$D_t = D_p + D_{aq}\left(\frac{Pe^2}{Pe+2+4\delta^2}\right)^{\beta} \tag{1-8}$$

式中，β 为经验指数，表示孔隙中溶质不完全混合的程度。由该实验计算得到的 δ 和 β 的平均值分别为 5.5 和 0.5。尽管 δ 值和 β 值在某种程度上取决于孔隙介质本身，但是通过对比文献数据得知，式(1-8)可以有效地描述不同化合物在大范围变化流速内的横向弥散系数。

在 Chiogna 等[35]的研究基础上，其他科学工作者相继针对非线性、化合物特征性横向弥散系数开展了进一步的研究[36-40]。研究结果表明，在孔隙尺度(约 10^{-2} m)、实验室尺度(约 10^{0} m)以及野外现场尺度(约 10^{2} m)等不同尺度或不同系统维度的设置中，充分考虑溶质弥散的化合物特征性是正确预测多孔介质中保守性和反应性溶质运移的必要条件。

弥散系数的计算可通过拟合对流-弥散方程与溶质分布观测数据得到[25,35,40-43]，其值与系统尺度及多孔介质的非均质性息息相关[44-49]。一般来说，在野外大尺度条件下测得的横向弥散系数往往是实验室计算所得数值的百倍。通过该方法计算所得的弥散系数为平均值，即将整个系统人为均质化后的结果。由于均质化后的系统与实际中的非均质多孔介质条件完全不同，利用其预测污染物的运移往往偏差极大。在工程探测技术和计算机技术发达的今天，一个更优选的办法是将系统分解成区域模块，利用每个模块中观测所得的流速和浓度计算对应的弥散系数，由此得到的区域弥散系数通常小于系统平均值[50-53]。

宏观弥散系数理论是另一种用于计算弥散系数的方法，为随机水文地质学领域的学者们研究所得[54-56]。宏观弥散系数大小等同于溶质浓度的二阶中心矩增长速率的一半。利用宏观弥散系数可以更好地预测非均质介质中保守性溶质羽的演化[48,49]，但其缺陷在于宏观弥散系数描述的仅仅是溶质羽

的扩展。假如将该参数应用于描述由混合控制的反应性溶质运移，极有可能会显著高估总体反应程度[57]。

1.2.2 溶质混合及其增强机理

溶质混合是指两种或多种分散溶质相互接触的物理过程。在生物化学反应系统中，分散的化合物只有通过物理混合过程才能发生反应。而保守性溶质与周围液体间的混合又称稀释，即溶质趋向于占据一个更大的空间体积，使得溶质浓度减小。地下含水层中，缓慢的流速（10^{-3}～10 m/d）[58]和扩散作用致使混合程度通常非常低下，混合过程也因此成为限制化合物有效分布和污染物降解速率的主要原因[59-67]。因此，辨识和分析混合增强机理显得尤为重要。

多孔介质非均质各向异性对溶质间的混合具有极大影响。早在19世纪60年代，Bear和Bachmat[34]就提出了介质非均质性和各向异性对溶质混合的作用，在随后的几十年内，该影响因素被众多研究学者认可，并频繁出现在关于地下水流和溶质运移研究的相关文献中[19,68-71]。

介质非均质性作用于溶质运移是通过产生空间非均匀流场实现的，其中包括流线的聚集和拉伸[17]。在孔隙含水层中，不同的介质粒径、沉积环境会导致含水层的分层及高、低渗透性区域的形成，而地下水流趋向于水力传导性较好的高渗透性区域[72]，表现为流线在该区域的聚集，由此导致相邻流线间距离缩短，浓度梯度增大。由菲克第一定律可知，增大相邻流线间的浓度梯度可使溶质质量交换增强，即混合程度得到提升。同时，流线的聚集效应会导致高渗透性区域中水流的流速增大，由于弥散系数与水流流速成正比，因此弥散系数也被增大，导致混合程度的加强。与前两项正效应相反的是，高渗透性区域中流速的增大使得溶质在介质中的停留时间缩短，从而降低了混合程度。尽管如此，实验、解析及模拟结果均表明，以上正效应大于负效应，高渗透性区域的存在是导致混合加强的主要因素之一[14]。针对高渗透性区域增强混合的机理研究，由Werth等[73]通过在均质多孔介质中加入高渗透性透镜体，经理论推导和室内实验获得。Rolle等[74]通过在二维实验中加入高渗透性透镜体及改变透镜体的位置，揭示了透镜体与溶质羽的相对位置对提升溶质混合的重要性。对应的三维实验及三维解析结果由Ye等[75]开展并得到，同样表明了非均质构造及其空间位置对提升溶质混合有重要作用。

介质的非均质性对流线的拉伸同样创造了高浓度梯度的有利环境，提升了相邻流线间溶质交换的可能性。Le Borgne 等[76]通过数值模拟方法观测并量化了非均质介质中溶质薄层的运移，发现运动拉伸是导致混合加强的主要原因，并且混合程度受溶质薄层交互的影响。de Anna 等[77]结合室内实验和数值模拟研究了二维非均质介质中由于运动拉伸所导致的溶质丝状结构的发展，并计算了该状况下的溶质混合，论证了流线拉伸对提升溶质混合的有效性。其他类似的发现在 Dentz 等[78]所发表的论文中均有所体现。

相较于多孔介质的非均质性，人们对介质各向异性的关注度相对较低[79,80]。尽管如此，在近 20 年里还是有少量学者通过数值模拟方法研究了含水层介质各向异性对提升溶质混合的作用及内在机理。Hemker 和 Bakker 的研究团队发现了三维各向异性介质中回旋(whirling)流线的存在以及该流场对溶质运移的显著影响[81,82]。Stauffer[83]考虑了三维均质介质中存在倾斜高渗透性透镜体的情况，发现该构造使得水力传导形成了明显的各向异性，并且影响了流动及溶质运移。近几年的研究更是深入地探索了非均质各向异性多孔介质中流动拓扑结构与溶质混合之间的关系。Cirpka 等[17]模拟了非定常(nonstationary)各向异性水力传导场中的流动及溶质运移，发现流场受二阶运动的影响，并且该流场导致了流线的拉伸与折叠，极大地提升了溶质间的混合。Bennett 等[84]研究了更接近于现实情况的堆积冲刷结构对溶质混合的影响，指出介质各向异性导致溶质羽的变形，并能有效增大横向混合程度。以上研究均依赖于数值模拟，室内实验研究因其操作及测量的复杂性非常有限[85]。近年来，Ye 等[86,87]首次用实验验证了三维宏观非均质各向异性多孔介质中螺旋流(twisting flow)的存在及其对溶质混合的影响。该三维宏观非均质各向异性多孔介质排布是基于冰川沉积环境和辫状河流沉积环境中分层倾斜非均质地质单元[88]人为构建的双层交叉鱼骨结构，使得系统中形成大小、方向各异的宏观非均质各向异性水力传导场，进而引发螺旋状流场。螺旋状流场中流线的扭曲使得溶质羽的接触面积增大，由此增加溶质质量交换通量，提升了混合程度。不同的各向异性构造几何特征，如介质宏观排布的倾斜角度等，都将影响流场及溶质混合程度[89,90]。

我国关于非均质各向异性地层条件作用于溶质混合的研究起步相对较

晚,但也取得了一定的成果。非均质孔隙介质对渗流及溶质运移的影响研究起源于油田开发[91],继而涉及宏观弥散系数的推导和确定[92]。对于该研究方向的真正关注始于21世纪:任理等[93]利用传递函数模型作为模拟手段,获得了饱和非均质土壤中盐分优先运移的随机特征;武新乾[94]建立了一维有限元数值模型,用来模拟非均质土壤中的非反应和反应性溶质运移;吴军和梁冰[95]建立了淋溶重金属在非均质多孔介质中运移的环境预测模型;陈彦和吴吉春[96]利用蒙特卡罗方法改进了非均质含水层中溶质运移的模拟精度;闫婷婷和吴剑峰[97]研究了渗透系数的空间变异性对污染物运移的影响,发现污染羽的展布范围随渗透系数变异方差的增大而扩大,而质心位置基本无影响。21世纪早期,两区模型同时被提出并广泛用于饱和非均质土壤中的溶质运移模拟研究。高光耀等[98]对比了应用两区模型、对流-弥散方程和分数微分对流-弥散方程对非均质土柱中NaCl运移过程的模拟,发现两区模型能更好地描述溶质穿透曲线和拖尾特征。张弛等[99]探索了渗透系数升尺度对非均质含水层溶质迁移的影响,发现近源处网格尺寸的变化对两区模型的影响大于对对流-弥散模型的影响。为了量化非均质介质对溶质混合所产生的影响,国内学者通常采用求取宏观弥散系数及弥散度的方法,所得值越大,即代表介质非均质性越强[100]。对于非均质介质作用于溶质混合及运移的机理研究则大多通过在均质介质中加入高、低渗透性透镜体的实验和模型进行。例如,乔文静等[101]利用砂箱实验探究了气体和非水相液体在遇到低渗透性透镜体时的运移规律;王泽坤[102]研究了二维物理模型中由透镜体所导致的非菲克现象;郑菲等[103]观测了四氯乙烯(PCE)在二维砂箱中的运移路径,发现PCE绕开细砂透镜体、沿着由粗砂透镜体构成的优势通道运移。

1.2.3 溶质混合的量化参数

混合的正确量化方法在近些年来引起了许多科学家的研究兴趣,这是由于传统的矩分析被证实不能准确衡量非均质多孔介质中溶质的混合程度,其计算值只能代表溶质的扩展程度。真正能够量化溶质混合的参数包括稀释指数(dilution index)[104-106]、标量耗散率(scalar dissipation rate)[107-110]、浓度方差[111]和浓度平方的梯度[112]。

本节将重点介绍通量相关的稀释指数(flux-related dilution index)[74],该参数可以有效量化连续释放污染羽的混合及其增强程度。

通量相关的稀释指数由稀释指数[104]演化而来，两者的不同之处在于：稀释指数描述的是在一个增长体积中溶质质量的分布情况；而通量相关的稀释指数量化的是在一个更大的水通量中溶质通量的分布。从物理角度来看，通量相关的稀释指数代表了垂直于地下水主要流动方向的某一截面上运输溶质的有效体积流量。在一个有限区域内，对于稳态溶质运移过程，通量相关的稀释指数被定义为

$$E_Q(x) = \exp\left[-\int_{\Omega} p_Q(x,y,z)\ln(p_Q(x,y,z))q_x(x,y,z)\mathrm{d}\Omega\right] \quad (1\text{-}9)$$

式中，q_x为垂直于横截面积 Ω 方向上的达西速度分量，m/s；x、y、z 为三个相互垂直的空间坐标，m；p_Q为通量加权的概率密度函数，s/m^3，其计算公式为

$$p_Q(x,y,z) = \frac{c(x,y,z)}{\int_{\Omega} c(x,y,z)q_x(x,y,z)\mathrm{d}\Omega} \quad (1\text{-}10)$$

对于保守性溶质的稳态运移来说，通量相关的稀释指数值随运移距离的增大而单调递增，其原因在于横向弥散作用可以将溶质通量分配至更大的水通量中。图 1-3 所示即为均质和非均质多孔介质中荧光素钠溶质羽的运移及二阶中心矩(m_{2C})和通量相关的稀释指数的量化。在非均质设置中，高渗透性透镜体的存在导致了流线和溶质羽的聚集，使得混合程度得到有效增强，混合程度的提升可由通量相关的稀释指数准确反映。而二阶中心矩并不能捕获因流动聚集所导致的混合增强效应；相反，二阶中心矩在高渗透性透镜体所在区域的值小于均质多孔介质中的计算结果，这是由于在高渗透性透镜体中，溶质羽的聚集使得溶质扩展范围缩小，而二阶中心矩衡量的正是溶质羽的扩展范围。由此也证实了二阶中心矩在非均质多孔介质中不能准确量化混合程度这一事实。

对于反应性溶质运移来说，控制总体反应速率的因素包括混合与反应动力学。两者的相互作用可以通过计算熵平衡、联合反应性运移与稀释指数来体现。对于连续性释放污染羽的稳态运移来说，Chiogna 等[113]推导了反应性化合物的熵密度运移方程：

$$u\cdot\nabla(-p_Q\ln p_Q)-\nabla\cdot[D\,\nabla(-p_Q\ln p_Q)]=$$
$$-(1+\ln p_Q)r^*+\frac{1}{p_Q}\nabla p_Q{}^{\mathrm{T}}\boldsymbol{D}\,\nabla p_Q \tag{1-11}$$

式中，反应项 r^* 的定义为

$$r^*=\left(\frac{\partial p_Q}{\partial c}-\frac{1}{r}\frac{\partial^2 p_Q}{\partial c^2}\nabla c^{\mathrm{T}}\boldsymbol{D}\,\nabla c\right)r \tag{1-12}$$

由式(1-11)可知，反应物的熵平衡依赖于两个源/汇项。公式右边的第一项为反应性混合项，也是唯一的熵汇项；公式右边的第二项为稀释项，即熵增项。两项的相互作用决定着控制反应性溶质运移的机理。利用图 1-4 可

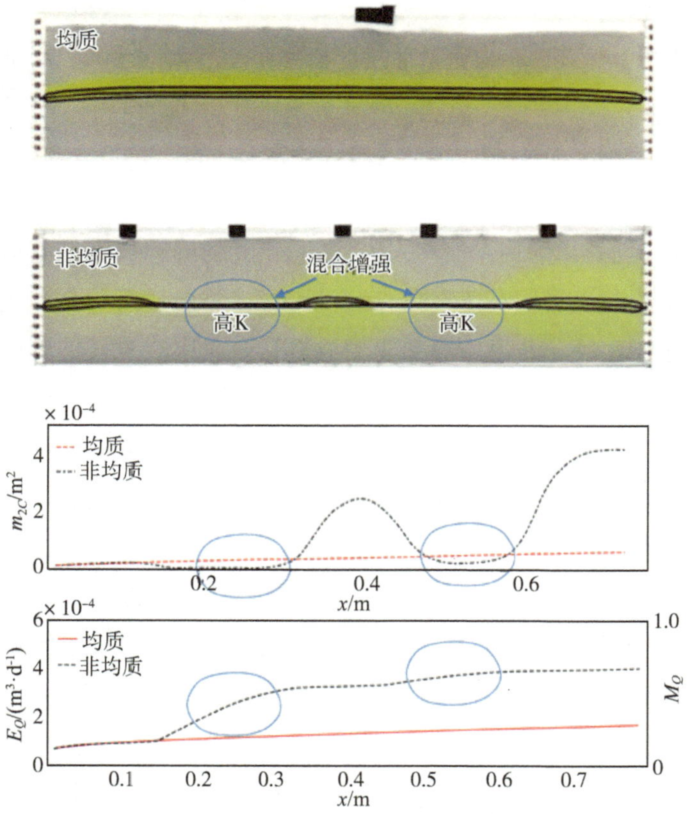

图 1-3　均质和非均质多孔介质中的荧光素钠溶质分布及沿流动方向的二阶中心矩和通量相关的稀释指数(改编自 Rolle 等[74])

以很好地说明非均质多孔介质中的溶质运移主导过程。在图 1-4 中，保守性和反应性溶质被连续地注入至二维非均质随机场中。在反应性运移中，考虑反应物 A 与 B 的瞬时双分子反应和 Monod 慢速反应动力学两种情况。由图 1-4(a)可知，保守性溶质的 E_Q 值沿平均流动方向单调递增，该现象与式(1-11)中仅有单一源项相对应；而反应性溶质的 E_Q 值要明显低于保守性溶质，其原因可归结于式(1-11)中汇项的贡献。对于瞬时反应动力学情况而言，E_Q值沿平均流动方向先增后减，表明随着溶质运移的进行，稀释项对熵平衡的主导地位渐渐地被反应性混合项所取代。然而，对于 Monod 慢速反应动力学情况来说，E_Q值单调递增，说明了在研究区域内稀释项始终主导熵的平衡。源/汇项的相互作用结果可以通过求导 E_Q的自然对数获取更加直观的体现：正值代表稀释占据主导地位；负值则意味着反应性混合起主导作用。

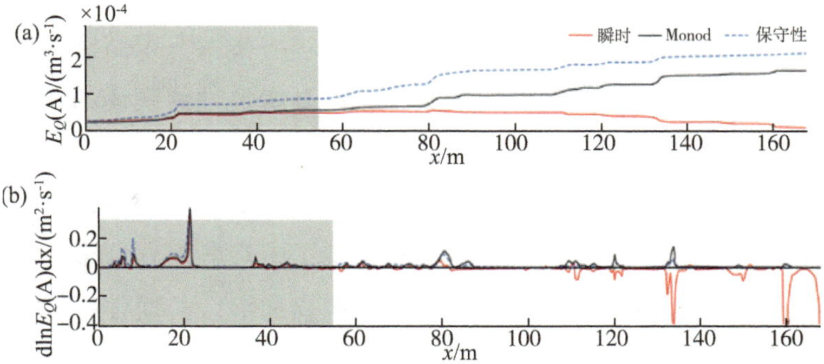

图 1-4 沿平均流动方向的熵平衡：(a) 通量相关的稀释指数；(b) 其自然对数的空间导数（改编自 Chiogna 等[113]）

在瞬时双分子反应性溶质运移条件下，临界稀释指数（CDI，m^3/s）被定义，用来估算反应性溶质羽达到降解稳态所需的稀释度，其值等于反应羽消失横截面处对应的保守性溶质羽的 E_Q值。

1.3 本书的主要内容

本书是以作者叶逾的博士毕业论文及由其主持的国家自然科学基金青年项目“非均质各向异性三维孔隙介质中羽流横向混合机制研究”中通过与

鲁春辉教授等合作得到的研究成果为基础撰写而成的。除第一章绪论外，本书主要介绍了不同系统维度或不同多孔介质非均质各向异性条件下的横向弥散和由此驱动的溶质混合及其增强机理，并最终开发利用溶质横向混合提升地下水原位修复效率的方法。

在第二章“均质多孔介质中的横向弥散与溶质混合”中，通过开展二维和三维室内实验，测定保守性溶质荧光素钠和溶解氧的浓度，并将该结果与对流-弥散方程进行拟合，从而得到不同流速下的横向弥散系数，并据此推导了横向弥散的新型参数化方程。同时，通过计算二维和三维系统中通量相关的稀释指数，探索了系统维度对溶质混合的影响。另外，提出了三维系统中通量相关的稀释指数半解析表达式，用来快速、粗略地估算溶质混合程度。

在第三章“非均质多孔介质中的横向弥散及溶质混合”中，通过实验、理论和数值分析，研究了高渗透性透镜体对二维和三维系统中溶质横向混合的影响。通过改变高渗透性透镜体的空间排布，进一步探究了高渗透性透镜体增强溶质混合的原因与机理，并且观测了含有高渗透性透镜体的二维和三维系统中横向弥散化合物特征性效应。

在第四章“宏观各向异性多孔介质中的横向弥散及溶质混合”中，通过保守性与反应性溶质运移实验和数值模拟，验证了宏观各向异性多孔介质中螺旋流的存在，并深入探究了该流场条件下溶质横向混合的增强机理和对反应性溶质运移结果的影响。同时，通过改变宏观各向异性结构及其空间位置，分析了各向异性结构和复杂螺旋流场对保守性和反应性溶质混合的作用。

在第五章“利用横向弥散增强溶质混合的应用实例”中，提出了多筛孔井系统概念模型，并通过实验和数值模拟，验证了多筛孔井系统对增强溶质反应性混合的有效性，通过解析和数值方法推导了多筛孔井的修复液最优注入间距，并进行了参数敏感性分析，为多筛孔井的设计提供理论指导。

尽管实验和模拟存在一些不足，研究成果也存在一定的局限性，但这些工作能够帮助人们更好、更全面地了解溶质在多孔介质中的横向混合物理过程以及系统维度、介质非均质各向异性对混合的影响机理，这也是撰写本书的目的所在。

第 2 章

均质多孔介质中的横向弥散与溶质混合

2.1 引言

正确刻画横向混合对理解和定量评价地下水中的溶质运移和反应过程是至关重要的。尤其对于连续性释放的污染羽来说，横向混合代表了污染羽与地下水之间质量交换的主要过程[59]。由于生物化学反应的发生需要多种反应物同时存在，因此，横向混合过程是污染羽边缘发生生物降解的前提。有效弥散系数常常被用来模拟和解释现场大尺度条件下的污染羽运移与混合，然而关于其真正的含义仍需学者们进行进一步的探索[115,116]。正是由于生物地球化学反应发生在微观尺度下，且局部扩散、弥散控制着反应的进行程度[62,63,116]，因此，深入研究孔隙尺度和达西尺度中的横向混合将有助于理解和准确把握对流和扩散的基本物理过程及其相互作用，这对获取升尺度的弥散系数也是有必要的。

在孔隙尺度下，学者们通过微流体实验和数值模拟对横向混合进行研究[14,38,39,117-122]；在达西尺度下，均质和非均质多孔介质中的横向混合研究大多通过保守性和反应性溶质的流动实验进行[31,35,37,123,124]。由于三维实验相对复杂，因此，上述发现大多来自二维及准二维设置[125,126]。现有的三维室内实验则重点关注非侵入式(non-invasive)浓度测量技术和纵向弥散的研究[127-132]，对横向弥散与混合的研究鲜有报道。

本章将介绍利用三维室内实验对均质多孔介质中横向弥散和混合所开展的研究。在研究中，采用扩散系数具有显著差异的荧光素钠和溶解氧作为保守性示踪溶质，并考虑实际平均流速波动范围为 0.5～8 m/d 的情况。三维砂槽的出口处设有 7×7 个高分辨率端口，用来收集样品及采集浓度和流速数据。采用该设置可以精确地测定溶质质量通量，并由此计算稳态溶质羽的横向弥散与稀释情况。通过比较三维与传统准二维装置中的实验结果，评估了在均质饱和多孔介质中系统维度对横向弥散和溶质混合的影响，证明了三维系统中由孔隙不完全混合引起的化合物特征性效应，并由此推导了三维系统中横向弥散系数的新型参数化方程。此外，提出了通量相关的稀释指数半解析解，并通过实验结果验证了半解析解的有效性。

2.2 实验与方法

本节将描述用于测定稳态示踪实验中溶质浓度与流速的准二维和三维实验装置，并提出用于估算横向弥散系数和计算溶质稀释程度的解析方法。

2.2.1 实验设置

多孔介质中溶质运移的多元示踪实验在 22 ℃的常温实验室中进行。多元示踪剂选择荧光素钠和氧气，它们在水中的扩散系数分别为 4.8×10^{-10} m^2/s 和 1.97×10^{-9} m^2/s。图 2-1 为准二维和三维实验装置的示意图。图 2-2 展示了新型三维实验装置的照片。

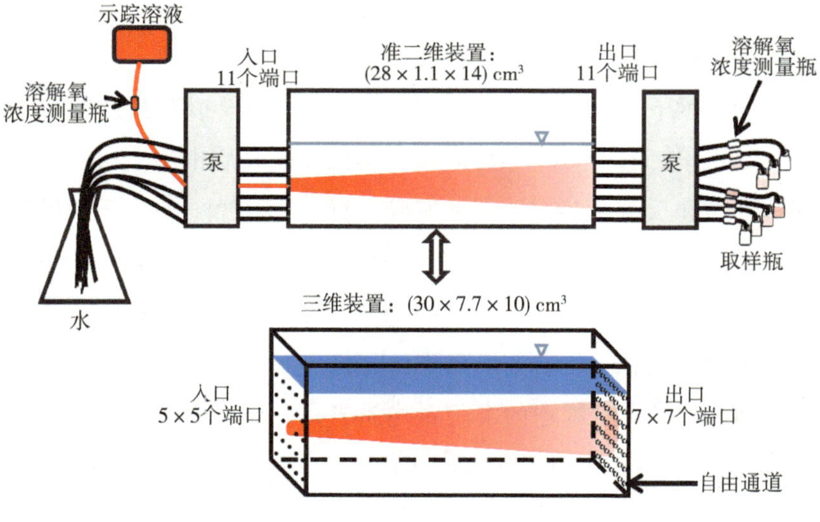

图 2-1 准二维和三维实验装置示意图

准二维与三维砂槽的制作材料均为丙烯酸玻璃。准二维砂槽的内部尺寸为 28 cm×1.1 cm×14 cm，三维砂槽的内部尺寸为 30 cm×7.7 cm×10 cm。在准二维砂槽入口和出口处设置了 11 个等间距的端口，端口间距为 1.27 cm。在三维砂槽入口处设有 5×5 个端口，相邻端口间距均为 1.54 cm；在出口处设有 7×7 个端口，相邻端口间距均为 1.1 cm。所有端口均由橡胶堵塞，并将直径为 0.9 mm 的注射器针头插入至橡胶塞内，用于注射和抽取液

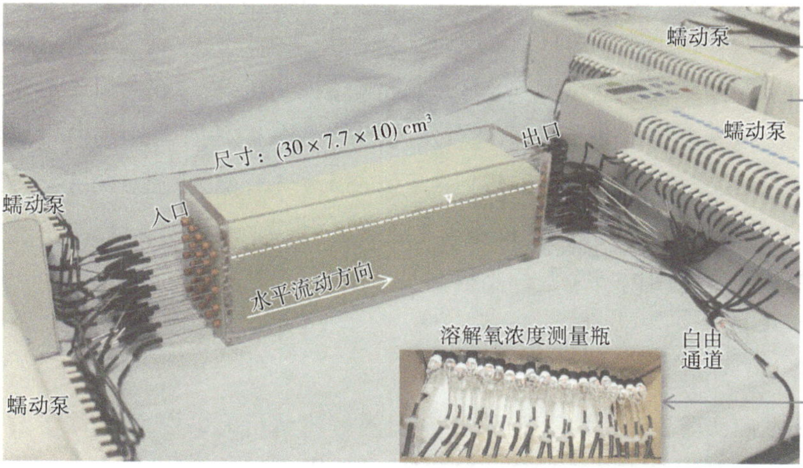

图 2-2　三维实验装置图

体。利用高精度蠕动泵(Ismatec,瑞士)实现恒定流量边界条件。选取二维装置中由下至上的 7 个入口端口和 7 个出口端口,并将其通过管子连接至一个 24 通道 IPC-N 蠕动泵,由此实现准二维与三维系统出口垂直方向端口所测数据的直接比较。三维装置的 25 个入口端口分别连接至一个 12 通道 IPC-N 蠕动泵和一个 18 通道 IPC-N 蠕动泵;而出口处的 48 个端口连接至两个 24 通道IPC-N 蠕动泵,并留出 1 个端口作为自由通道,用来辅助保持水位的稳定。两个系统中的水位高度相似。针头与蠕动泵之间使用 0.64 mm 内径的 Fluran 软管(Ismatec,瑞士)以及不锈钢毛细管进行连接。在两个砂槽中都均匀填充了 0.4～0.6 mm 粒径的玻璃珠,其饱和渗透系数为 2.1×10^{-3} m/s[133]。实验采用湿法填充,以避免空气滞留在饱和介质中[134]。均质多孔介质的有效孔隙度为 0.4。在两个系统中,流动示踪实验的实际平均流速被控制在 0.5 m/d 至 8 m/d 的范围内。

多元示踪溶液中同时含有荧光素钠和氧气这两种示踪剂,以便在同一实验中同时检测两种示踪剂的浓度。在新制备的示踪溶液中,荧光素钠的浓度为 10～20 mg/L,溶解氧浓度保持在 1.0 mg/L 水平以下。示踪溶液被储存于一个密封的 Tedlar 袋子(Alltech,德国)中。在建立稳态流动条件后,由入口中心端口注入示踪溶液(如图 2-1 中红色所示),并从周围入口端口注入不含荧光素钠、氧浓度为 8.5 mg/L 的自来水。溶质羽的稳定状态一般在运移达到至少两个孔隙体积后形成。

利用非侵入式光电技术(PreSens,德国)测定出口端口和入口中心端口的氧浓度。该光电技术基于分子氧对发光团的动态猝灭原理。在出口端口采集样品,并用紫外分光光度计(Perkin Elmer LS-3B,德国)测定荧光素钠的浓度,其中的消光波长设为 492 nm,吸光波长设为 513 nm。出口端头的流量可通过称重固定时间内所采集样品得到。

2.2.2 横向弥散系数计算方法

在室内实验中,利用对流-弥散方程的解析解可有效估算运移参数[135]。将均匀流的对流-弥散方程解析解与实验数据进行拟合,可以得到准二维和三维多孔介质中的有效横向弥散系数。稳态溶质运移的控制方程为式(1-1)。假设多孔介质是均质各向同性的,则侧向(y 方向)和垂向(z 方向)的横向弥散系数相等。

在二维系统中,考虑线源边界条件,即

$$c(x=0,z)=\begin{cases} c_0 & \forall\,|z|<\dfrac{Z}{2} \\ c_{bg} & \forall\,|z|\geqslant\dfrac{Z}{2} \end{cases} \tag{2-1}$$

式中,c_0 为注入示踪溶液的浓度,mol/m^3;c_{bg} 为浓度背景值,mol/m^3;Z 为线源高度,m。该情形下,改编自 Domenico 和 Palciauskas[136]、并符合 Srinivasan 等[137]提出的条件的二维浓度解析解为

$$c_{norm}(x,z)=\frac{c-c_{bg}}{c_0-c_{bg}}=\frac{1}{2}\left\{\mathrm{erf}\left[\frac{z+Z/2}{2(D_t x/u)^{1/2}}\right]-\mathrm{erf}\left[\frac{z-Z/2}{2\,(D_t x/u)^{1/2}}\right]\right\} \tag{2-2}$$

式中,c_{norm} 为标准化后的溶质浓度。通常来说,式(2-2)适用于无限高的研究区域。然而,当 $Z+2(2D_t x/u)^{1/2}$ 值显著小于研究区域的高度时,式(2-2)仍被认为是有效的,否则便有必要引入镜像源来考虑研究区底部和顶部无流边界的影响。

在三维系统中,考虑宽度为 Y、高度为 Z 的矩形源边界条件,即

$$c(x=0,y,z)=\begin{cases} c_0, & \forall\,|y|<\dfrac{Y}{2}\cap\forall\,|z|<\dfrac{Z}{2} \\ c_{bg}, & \forall\,|y|\geqslant\dfrac{Y}{2}\cup\forall\,|z|\geqslant\dfrac{Z}{2} \end{cases} \tag{2-3}$$

三维稳态运移的浓度解析解为

$$\begin{aligned} c_{norm}(x,y,z) &= \frac{c-c_{bg}}{c_0-c_{bg}} \\ &= \frac{1}{4}\left\{\mathrm{erf}\left[\frac{y+Y/2}{2\,(D_t x/u)^{1/2}}\right]-\mathrm{erf}\left[\frac{y-Y/2}{2\,(D_t x/u)^{1/2}}\right]\right\}\cdot \\ &\quad \left\{\mathrm{erf}\left[\frac{z+Z/2}{2\,(D_t x/u)^{1/2}}\right]-\mathrm{erf}\left[\frac{z-Z/2}{2\,(D_t x/u)^{1/2}}\right]\right\} \end{aligned} \tag{2-4}$$

同样，式(2-4)并未考虑研究区域有限宽度和高度上的无流边界。尽管式(2-2)和式(2-4)是流动实验的简化模型，但它们仍可以很好地解释准二维和三维均质多孔介质中的实验结果。前人的研究结果[74]也证实了简化的解析解与更加复杂、详细的数值模拟结果具有高度一致性。在准二维实验中，观测到的溶质源高度为 1.27 cm，且在侧向宽度范围内(1.1 cm)均匀分布，因此，采用线源高度 Z 为 1.27 cm 的二维解析解评估出口测得的垂向浓度分布。在三维系统中，采用正方形源($Y=Z=1.54$ cm)拟合在出口 49 个端口处测得的浓度及解析解。

实验结果与解析解的拟合采用 MATLAB 函数 lsqnonlin[138]，该函数采用信赖域反射方法以最小化非线性最小二乘问题，其中的拟合参数为横向弥散系数 D_t。D_t的参数化方程采用 Chiogna 等[35]在准二维实验中得到的非线性、化合物特征性方程，即式(1-8)。与传统的线性参数化方程[139]相比，式(1-8)在孔隙尺度上更准确地描述了对流和扩散基本过程之间的相互作用，并且保留了不同流速下机械弥散项与化合物扩散系数的依赖关系，以及其与实际平均流速的非线性关系，后者通过机械弥散项中的指数 β 进行量化。横向弥散系数中的经验指数 β 和几何参数 δ 均可根据上述拟合方法，利用准二维和三维多元溶质运移实验结果计算得到。

2.2.3　溶质羽混合的量化方法

溶质羽混合程度的量化采用通量相关的稀释指数(E_Q)这一参数。通量

相关的稀释指数定义参考式(1-9)和式(1-10)。针对于本章的实验结果,通量相关的稀释指数采用离散型计算形式,具体为

$$\text{准二维:}E_Q(x)=\exp\left(-\sum_{k=1}^{N_v}p_{Qk}\ln p_{Qk}q_k\right) \tag{2-5}$$

$$\text{三维:}E_Q(x)=\exp\left(-\sum_{k=1}^{N_v}\sum_{j=1}^{N_h}p_{Qk,j}\ln p_{Qk,j}q_{k,j}\right) \tag{2-6}$$

其中,p_{Qk}和$p_{Qk,j}$分别为

$$\text{准二维:}p_{Qk}=\frac{c_k}{\sum_{k=1}^{N_v}c_kq_k} \tag{2-7}$$

$$\text{三维:}p_{Qk,j}=\frac{c_{k,j}}{\sum_{k=1}^{N_v}\sum_{j=1}^{N_h}c_{k,j}q_{k,j}} \tag{2-8}$$

式中,c_k和$c_{k,j}$为每个采样端口测得的浓度,kg/m^3;q_k和$q_{k,j}$为每个采样端口的流量,m^3/s;N_v和N_h分别表示沿垂向和侧向的端口数量。图 2-3 展示了一个计算准二维和三维系统出口端口溶质质量通量的例子,质量通量等于流量与浓度的乘积。如图 2-3 所示,准二维系统和三维系统中的端口流量波动均较小。考虑到研究中的均匀流速、均质填充及可忽略不计的垂向几何非对称性,在分析数据时可以假定多孔介质内部流动也是均匀的。浓度测量结果显示,在均质各向同性填充介质中,溶质运移表现出规则、对称的特性。

针对本章中的准二维和三维溶质运移问题,根据 Chiogna 等[15]提出的方法,假设通量相关的稀释指数值符合一个嵌套根式,通过推导得到了以垂向和侧向动力学 Péclet 数的倒数(ε_z和ε_y)为自变量的通量相关的稀释指数空间演化半解析解,即

$$\text{准二维:}E_Q(\varepsilon_z)=ZWq_x\left[1-\sqrt{\frac{4\pi\varepsilon_z}{4\pi\varepsilon_z+1+f(\varepsilon_z)}}+\sqrt{4\pi\exp(1)\varepsilon_z}\right] \tag{2-9}$$

$$三维:E_Q(\varepsilon_y,\varepsilon_z)=YZq_x\left[1-\sqrt{\frac{4\pi\varepsilon_y}{4\pi\varepsilon_y+1+f(\varepsilon_y)}}+\sqrt{4\pi\exp(1)\varepsilon_y}\right]\cdot\left[1-\sqrt{\frac{4\pi\varepsilon_z}{4\pi\varepsilon_z+1+f(\varepsilon_z)}}+\sqrt{4\pi\exp(1)\varepsilon_z}\right] \tag{2-10}$$

式中,W 为砂槽的内部宽度,m;$f(\varepsilon_y)$ 和 $f(\varepsilon_z)$ 为横向动力学 Péclet 数倒数的函数,$\varepsilon_y=nxD_t/(q_xY^2)$ 和 $\varepsilon_z=nxD_t/(q_xZ^2)$。附录 A 描述了式(2-9)和式(2-10)的推导过程。

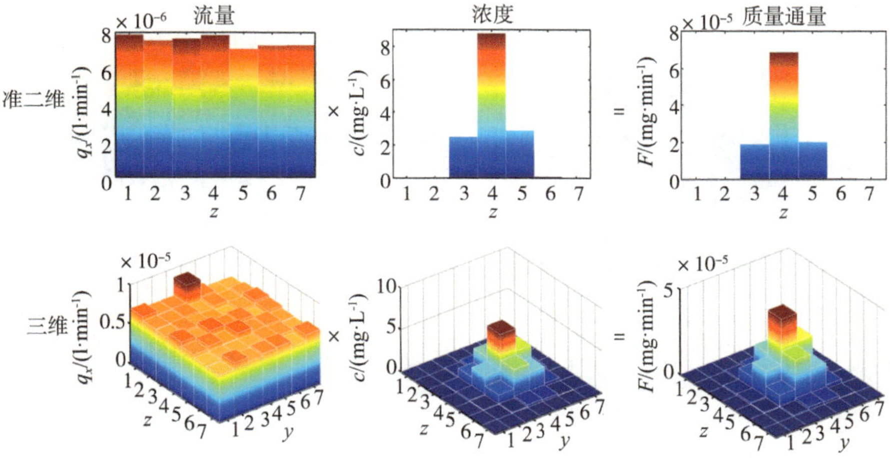

图 2-3　准二维和三维实验中测得的端口流量、荧光素钠浓度及质量通量

2.3　溶质分布

在本节中,通过改变流速,共进行了 9 个实验,具体流速变化从 0.5 m/d 到 8 m/d 不等。在每个实验中,分两次测量准二维和三维系统出口端口处的浓度,两次测量时间间隔等于半孔隙体积的运移时间。在所有实验中两次测得的标准化浓度平均绝对差值为 5.7×10^{-3}。同时,为了评估实验结果的可重复性,在重新填充多孔介质后,重复流速为 6.5 m/d 的实验。实验结果表明,两次标准化浓度的平均绝对差值为 9.9×10^{-3},具有很好的一致性,由此证实了实验装置的可靠性。因此,将每个实验中两次采样得到的浓度平均值用作结果分析。图 2-4(a)和(d)展示了实际平均流速为 5 m/d 时三维系统出口截面荧光素钠和氧气的标准化浓度分布。白色叉号表示采样端口的位置，白色等高线表示出口端口测得的示踪剂浓度的双三次插值，背景颜色表示利用解析解计算得到的浓度分布。其中，解析解的参数通过拟合实验数据与解析解得到。为了更清楚地比较实测浓度与三维解析解，选取经过中心端口的侧向截线（图 2-4(b)和(e)）和垂向截线（图 2-4(c)和(f)），并展示浓度分布。可以看到，解析解呈现近似高斯分布，并与实测示踪剂浓度能较好吻合。尽管实测浓度分布略微向右侧偏移，但侧向和垂向的浓度分布未见显著差异。由此证明，拟合单一的横向弥散系数(D_t)方法是可行的。

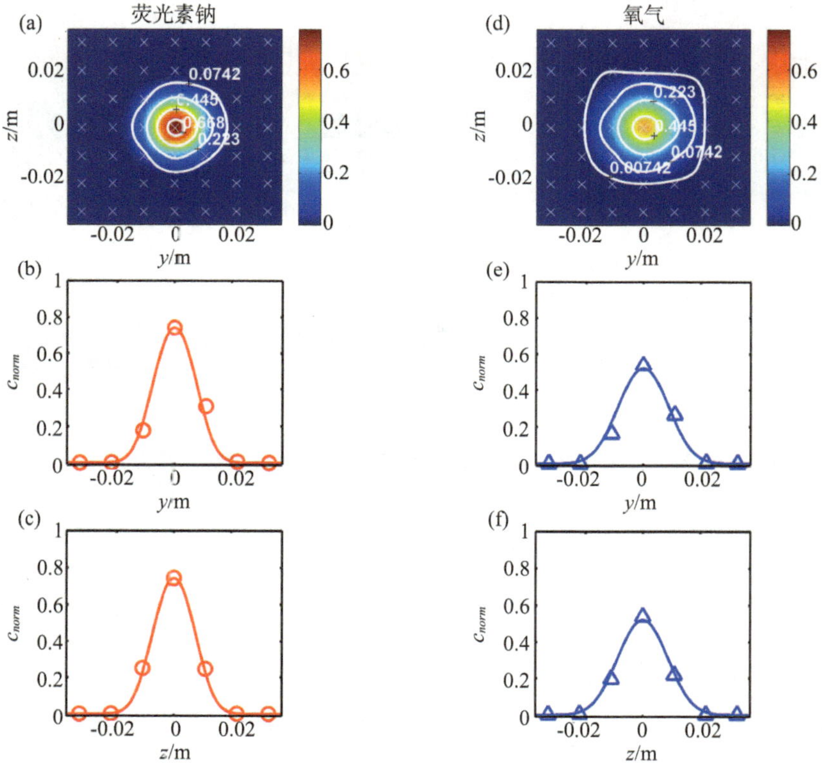

图 2-4　流速为 5 m/d 时三维流动系统出口处荧光素钠和氧气的浓度分布

由图 2-4 可见，两种示踪剂峰值浓度具有显著差异。与氧气相比，荧光素钠溶质羽的峰值浓度明显较高，横向弥散较小，表明两种示踪剂的横向弥散系数是不同的，引起该差异的原因为两种溶质间不同的扩散系数。假设横向弥散的经典线性参数化方程[139]是正确的，那么当流速较大、对流占据主导地位时，相对于机械弥散项，孔隙扩散可以忽略不计，而机械弥散与溶质扩散性质无关，则该条件下的横向弥散也与溶质扩散性质无关。当流速为 5 m/d 时，对于荧光素钠和氧气来说，孔隙扩散对弥散系数的贡献分别小于 8%和 17%，即机械弥散对弥散系数的作用占主导，因此，由线性参数化横向弥散系数所得的两种示踪剂浓度分布应该基本相同。然而，图 2-4 所呈现的两种溶质之间浓度分布的差异推翻了横向弥散线性假设，证实了机械弥散同样取决于化合物的水动力扩散性质。横向弥散的化合物特征性现象在准二维多元示踪实验中被观察到[35]，随后，孔隙尺度下的数值模拟[36]给出了化合物产生弥散特征性行为的理由，主要包括孔隙通道中所发生的不完全混合和产生的化合物特征性浓度梯度。

图 2-5 展示了在准二维和三维装置中，流速分别为 3 m/d、5 m/d 和 8 m/d 时荧光素钠和氧气的浓度分布情况。三种流速下的溶质运移均由对流主导。

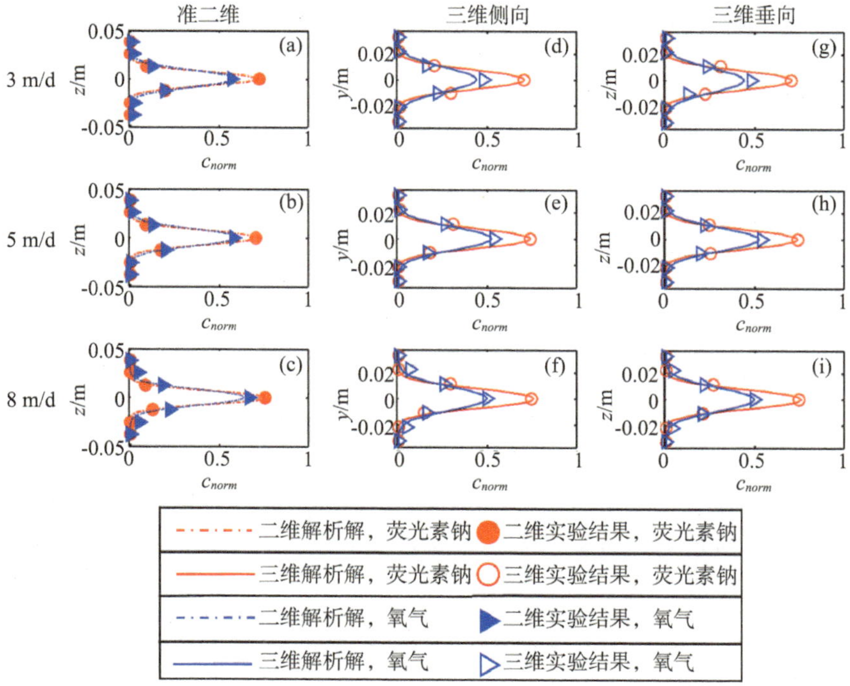

图 2-5　流速分别为 3 m/d、5 m/d 和 8 m/d 时荧光素钠与氧气在准二维装置(a～c)及三维装置出口截面侧向(d～f)和垂向(g～i)的浓度分布

两种示踪化合物在准二维(图 2-5(a)～(c))和三维(图 2-5(d)～(i))实验装置的出口处均呈现准高斯分布,但分布形态各异。并且,在所有流速下,两种示踪剂之间峰值浓度的差异在三维系统中为 37%～50%,比准二维系统中的 13%～28%更为明显。事实上,当溶质源尺寸足够小时,二维系统中的峰值浓度与 $D_t^{-1/2}$ 成比例,而三维系统中的峰值浓度与 D_t^{-1} 成比例,这与上述观测现象相对应。因此,相比准二维装置,三维装置更适合于研究横向混合对化合物特征扩散的依赖性。

2.4 横向弥散系数与化合物特征性参数

表 2-1 中列出了所有流速条件下两个装置中荧光素钠和溶解氧的横向弥散系数(D_t)拟合值。利用每次实验测得的两组浓度分布估算出的横向弥散系数的平均相对差为 3%,对应于荧光素钠和氧气的 D_t 值的平均相对不确定度分别为 10%和 15%。在以下分析中,考虑由两组数据所得横向弥散系数的平均值。化合物特征性参数 δ 和 β 可通过利用表 2-1 中的数值、根据式(1-8)拟合得到。

表 2-1　横向弥散系数以及系统入口和出口处通量相关的稀释指数值

	u/(m·d^{-1})	$D_{t,fluor}$/(m^2·s^{-1})	$D_{t,oxy}$/(m^2·s^{-1})	$E_{Q,in}$/(m^3·s^{-1})	$E_{Q,fluor}$/(m^3·s^{-1})	$E_{Q,oxy}$/(m^3·s^{-1})
准二维装置	0.485	5.74×10^{-10}	—	3.23×10^{-10}	8.37×10^{-10}	—
	0.729	7.15×10^{-10}	—	4.85×10^{-10}	1.20×10^{-9}	—
	0.951	9.23×10^{-10}	—	6.47×10^{-10}	1.53×10^{-9}	—
	1.430	1.22×10^{-9}	3.06×10^{-9}	9.70×10^{-10}	2.18×10^{-9}	2.57×10^{-9}
	2.950	2.09×10^{-9}	3.51×10^{-9}	1.93×10^{-9}	4.10×10^{-9}	6.04×10^{-9}
	4.010	2.49×10^{-9}	4.76×10^{-9}	2.58×10^{-9}	5.39×10^{-9}	8.42×10^{-9}
	4.970	3.57×10^{-9}	5.70×10^{-9}	3.25×10^{-9}	6.82×10^{-9}	8.46×10^{-9}
	6.390	3.93×10^{-9}	6.62×10^{-9}	4.18×10^{-9}	8.26×10^{-9}	1.24×10^{-8}
	7.840	4.53×10^{-9}	7.76×10^{-9}	5.17×10^{-9}	1.00×10^{-8}	1.66×10^{-8}
三维装置	0.490	6.21×10^{-10}	—	5.37×10^{-10}	3.08×10^{-9}	—
	0.769	8.55×10^{-10}	—	8.55×10^{-10}	4.12×10^{-9}	—

（续表）

	u/ ($m \cdot d^{-1}$)	$D_{t,fluor}$/ ($m^2 \cdot s^{-1}$)	$D_{t,oxy}$/ ($m^2 \cdot s^{-1}$)	$E_{Q,in}$/ ($m^3 \cdot s^{-1}$)	$E_{Q,fluor}$/ ($m^3 \cdot s^{-1}$)	$E_{Q,oxy}$/ ($m^3 \cdot s^{-1}$)
三维装置	1.020	9.36×10^{-10}	—	1.14×10^{-9}	4.85×10^{-9}	—
	1.460	1.25×10^{-9}	3.77×10^{-9}	1.63×10^{-9}	6.75×10^{-9}	1.64×10^{-8}
	2.890	1.65×10^{-9}	3.60×10^{-9}	3.12×10^{-9}	1.23×10^{-8}	1.36×10^{-8}
	3.990	2.43×10^{-9}	5.30×10^{-9}	4.33×10^{-9}	1.64×10^{-8}	2.08×10^{-8}
	4.810	2.51×10^{-9}	4.67×10^{-9}	5.43×10^{-9}	1.93×10^{-8}	2.13×10^{-8}
	6.420	3.78×10^{-9}	6.82×10^{-9}	7.13×10^{-9}	2.45×10^{-8}	4.76×10^{-8}
	8.030	3.94×10^{-9}	—	9.08×10^{-9}	3.08×10^{-8}	—
	8.250	—	8.39×10^{-9}	9.13×10^{-9}	—	5.07×10^{-8}

表 2-2 中列出了对两种示踪剂和两种实验装置独立拟合的 δ 和 β 值及其 95%的置信区间。该参数可通过 Rolle 等[36]描述的非线性最小二乘法计算得到，其中的估计误差取决于 D_t 值的测定误差及其对参数的敏感性。拟合系数值在准二维和三维实验之间，以及在两种示踪化合物之间是相近的。荧光素钠的 δ 值比溶解氧稍大，β 值则略小。与之前的准二维实验[35,36]一样，指数 β 值接近 0.5，表明在高流速条件下横向弥散系数依赖于颗粒 Péclet 数的平方根。

表 2-2　化合物特征性横向弥散系数拟合参数 δ 和 β 值

溶质	砂槽维度	δ		β	
		最佳拟合值	95%置信区间	最佳拟合值	95%置信区间
荧光素钠	准二维	3.6	3.2～4.0	0.53	0.51～0.56
	三维	3.3	2.5～4.0	0.47	0.43～0.52
氧气	准二维	2.7	2.1～3.2	0.56	0.48～0.64
	三维	2.6	1.0～4.3	0.55	0.30～0.80

图 2-6 展示了在准二维和三维实验中得到的横向弥散系数与实际平均流速的变化关系。图中实线描绘了化合物特征性参数化方程，其中 β 和 δ 参数值来自同时拟合准二维和三维数据的结果（荧光素钠：$\beta=0.5$，$\delta=3.4$；溶解

氧：$\beta=0.55$，$\delta=2.6$）。图中的非线性关系描述了 D_t 对流速的依赖性和显著的化合物特征性。通过准二维和三维装置得到的实验数据与式(1-8)具有良好的一致性。此处应注意的是，对氧气的分析并未考虑低流速条件下的实验数据(在表 2-1 和图 2-6(b)中均未显示)，这是由于在低流速条件下，出口处的氧气浓度沿横截面的分布过于均匀，无法可靠地据此估算横向弥散系数。对于两种示踪化合物来说，在准二维和三维装置中测定的 D_t 值均具有良好的一致性，表明尽管系统的维度显著影响出口处的浓度分布(图 2-5)，但并未影响控制横向混合的参数，即准二维和三维多孔介质中的横向弥散系数是相同的。

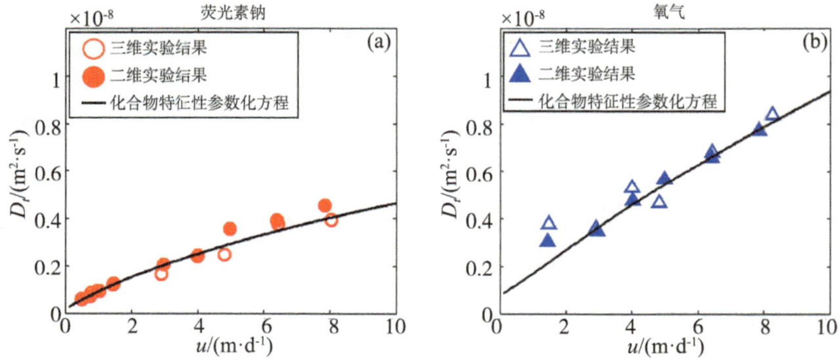

图 2-6　荧光素钠(a)和氧气(b)的横向弥散系数与实际平均流速之间的变化关系

尽管系统的维度不影响横向弥散系数的估算，但其对实验结果的演绎却起着重要的作用。为了说明这一点，图 2-7(a)展示了以荧光素钠为示踪剂，实际平均流速为 4.81 m/d 的三维流动实验垂向剖面。当利用二维方法(式(2-2))估算横向弥散系数时，得到的 D_t 值相较于三维方法(式(2-4))高估了 50%以上。然而，如果示踪剂来自更宽的源(如本研究三维装置中的 3 个中央侧向端口，见图 2-7(b))，则对 D_t 值的高估将减小至 10%。正如 Liedl 等[11]的模拟研究结果所示，系统维度效应对预测由混合控制的反应性运移具有重要影响。

图 2-8 中将本章实验结果与部分文献数据[28,31,35,124,140-142]进行了对比，呈现出动态 Péclet 数的倒数(D_t/ud)随颗粒 Péclet 数(Pe)的变化关系。图中同时显示了 D_t 的化合物特征性非线性参数化方程(绿色实线)，其中的 β 和 δ 值

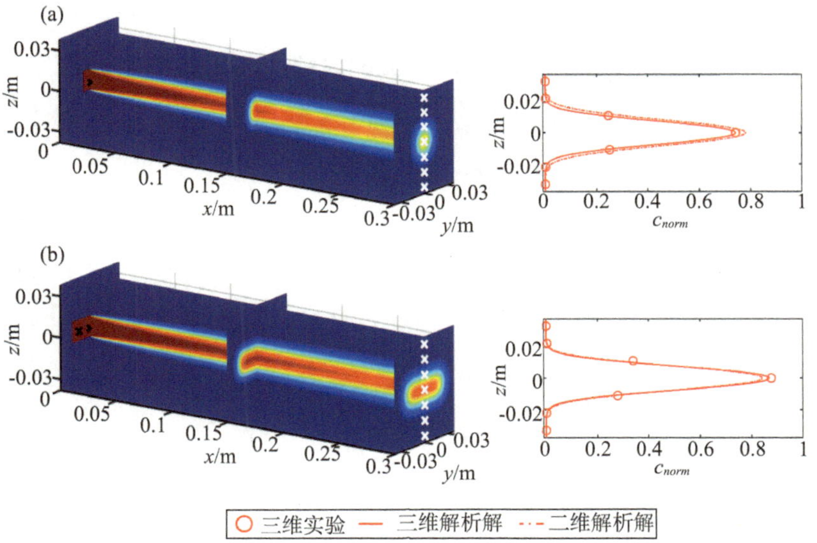

图 2-7　三维稳态荧光素钠溶质羽及其出口中心垂直向浓度分布图：(a)单孔注入 (b)三孔注入

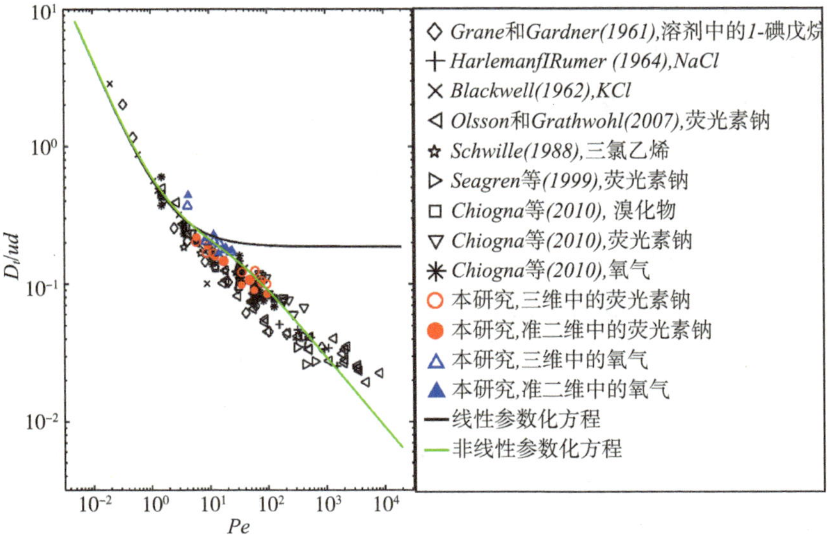

图 2-8　多孔介质中横向弥散的文献数据与本研究结果的比较

为在本章及前人研究中用于考虑不同粒径多孔介质、不同示踪化合物的实验平均值[35,36]，其值分别为 0.5 和 5.37。非线性模型正确反映了 Péclet 数在

$10^{-1}\sim10^4$范围内的实验数据变化趋势。对于更大的 Pe 值，惯性对流动的影响将不可被忽略，并且多孔介质中蠕动流的假设也不再有效[13]。图 2-8 还展示了横向弥散系数的经典线性参数化方程：

$$\frac{D_t}{ud}=\frac{n}{Pe}+G \tag{2-11}$$

式中，n 为孔隙度，G 是值为 3/16 的无量纲常数项[23]。当 Pe 大于 10 时，由线性参数化方程预测所得的动态 Péclet 数的倒数为一常数，与实验观测现象不相吻合。

2.5 准二维和三维系统中的溶质混合

溶质质量通量可利用从准二维和三维流动系统出口端口中测得的流速和浓度进行计算。在半孔隙体积的运移时间间隔内，所有实验中两次测得的质量通量平均绝对差为 8.7×10^{-6} mg/min。对于每一个给定流速的实验，利用测量数据，根据式(2-5)和式(2-6)可计算得到准二维和三维装置中荧光素钠及溶解氧的通量相关的稀释指数值。图 2-9 作为一个说明性例子，展示了实际平均流速为 8 m/d 条件下的实验结果。在入口处，由于示踪化合物是从同一端口注入的，因此荧光素钠和氧气的稀释指数相同。而在出口处，荧光素钠的稀释程度远低于氧气的稀释程度，这是由于不同的化合物在多孔介质中经历了不同的横向混合物理过程。准二维系统中所呈现的 E_Q值表明，携带氧气的体积流量大于携带荧光素钠的体积流量，并且这种差异在三维系统中更为显著。图 2-9 同时显示了由式(2-9)和式(2-10)计算得到的准二维和三维溶质运移问题的半解析解，实线和点划线表明，两种示踪化合物的稀释指数均单调递增，并且氧气的增速相对更大，原因在于氧气的横向弥散系数较大，使得氧气在多孔介质中的稀释效果更好。对于准二维和三维系统中的荧光素钠来说，实验数据和解析解的表现高度一致，而氧气的半解析解略微低估了稳态溶质羽稀释程度的实测值。后者的差异大多是由实验中的人为因素造成的。事实上，荧光素钠浓度的测量范围高达 7 个数量级以上，具有极高的精确度；而氧气浓度的测量范围只有 3 个数量级，远远低于荧光素钠的精确度。此处值得注意的是，E_Q的半解析解可直接计算，不需要额外拟合横向弥散系数值。

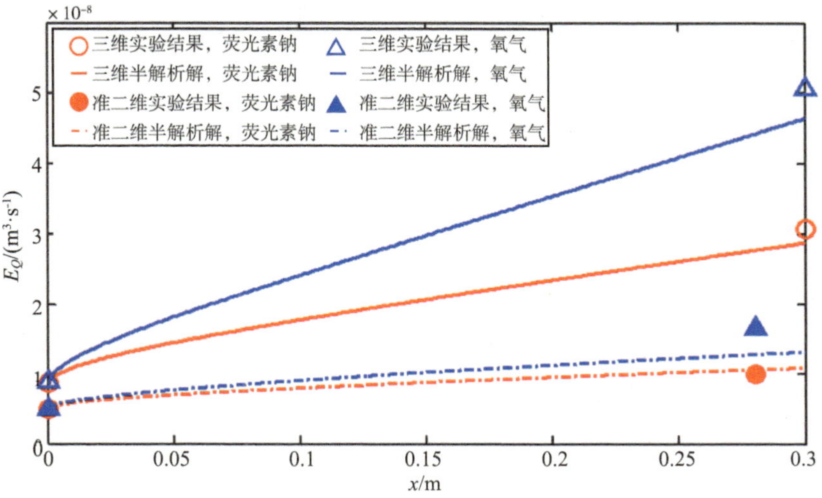

图 2-9　准二维和三维系统中通量相关的稀释指数沿纵向的变化

表 2-1 中列出了所有实验中荧光素钠和溶解氧通量相关的稀释指数值，该实验结果被作为实际平均流速的函数绘制于图 2-10 中。结果表明，稳态溶质羽稀释程度随流速的增大而增大。尽管横向弥散系数值在任何给定流速的准二维和三维系统中是相同的(见图 2-6)，但是溶质在三维系统中的稀释比在准二维系统中更加高效。该发现也为 Kitanidis[104] 提出的“溶质羽的稀释过程依赖于问题的维度”这一理论提供了实验验证。所提出的 E_Q半解析解与荧光素钠在准二维和三维系统中的实验数据高度吻合(图 2-10(a))。氧气的数据离散度相对更高，并且在三维设置中尤为明显，尽管如此，半解析解仍能有效捕捉到在准二维和三维设置中的溶质稀释趋势(图 2-10(b))。

正如图 2-4 和图 2-5 所展示的出口浓度分布，通量相关的稀释指数实测值和解析值在整个流速研究范围内均显示出明显的化合物特征性，并且该特性在三维系统中更为显著。此项发现对研究混合控制的反应性运移过程具有重要意义。例如，该过程将影响有机污染物在地下水中的迁移特征，特别是当污染源较小或在点源的情况下，生物降解反应将主要发生于三维污染羽的边缘区。

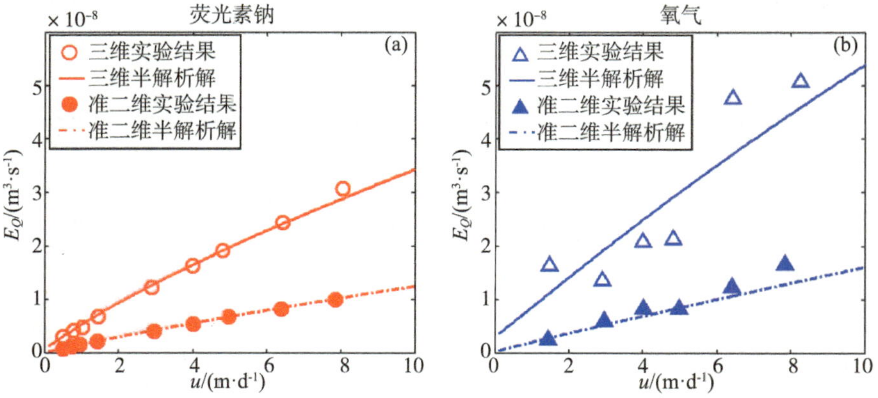

图 2-10　准二维和三维系统中通量相关的稀释指数随实际平均流速变化的实验结果和半解析解

2.6　小结

本章利用准二维和三维流动系统对均质各向同性多孔介质中的横向混合进行了实验研究。在研究中设计了一个完整的三维实验装置，并测量了可溶解化合物在装置出口高分辨率端口中的浓度和体积流量。将从准二维和三维系统中获取的实验结果进行直接比较，表明了运移维度对溶质羽稀释程度具有重要影响。与准二维装置相比，三维系统中的稀释程度明显增强。通过计算通量相关的稀释指数(E_Q)来量化溶质羽的稀释程度，结果显示，三维溶质羽的混合程度最高可达准二维的 3 倍。另外，提出了均匀流中稳态溶质羽的 E_Q 半解析解，该表达式的计算结果与实测数据具有良好的一致性。

尽管运移维度对从流动系统出口处测得的浓度和稳态溶质羽的稀释有很大的影响，但未对控制横向混合的参数(即横向弥散系数)造成影响。对于一种特定的化合物来说，在任意给定的流速条件下，从准二维和三维系统中得到的 D_t 值具有很好的一致性，这也证实了准二维和三维实验的可靠性。为了正确描述不同流速条件下的溶质运移，D_t 的参数化至关重要。在准二维和三维设置中，由于机械弥散项依赖于溶质的扩散性质[34,35]，因此均需采用非线性、化合物特征性的 D_t 参数化方程，并据此解释实验观察结果。多元示踪实验同时表明，尤其对于三维系统，在预测溶质混合时需要对横向弥散进行化合物特征性描述，这对混合控制的反应性运移具有重要影响。

在更为复杂的流场中，有效横向混合的升尺度问题仍有待研究。有二维研究结果[37]表明，由孔隙尺度上发生的化合物特征性扩散过程造成的影响将在宏观尺度上得到传播，并对保守性和反应性瞬态或稳态溶质运移产生重大影响。针对二维多孔介质，Werth 等[73]表明，横向混合在高流速区得到增强，该现象也被实验研究所证实[16]。Chiogna 等[114]和 Cirpka 等[19]通过数值和理论研究表明，尽管混合可以通过流体的聚集实现增强，但横向弥散的化合物特征性在非均质二维系统中不会消失。非均质各向异性介质中的三维流场可导致复杂流动拓扑的形成，该过程可能形成均质和二维非均质多孔介质中无法实现的新型混合机制[143]。因此，有必要对化合物特征性局部横向弥散在实际地质构造中所造成的宏观横向混合开展进一步的研究，三维室内实验将有助于解决上述问题。

第 3 章

非均质多孔介质中的横向弥散及溶质混合

3.1 引言

天然含水层中地下水流动的特点是流速极小($10^{-3}\sim10^{-1}$ m/d)[58]，这就导致横向水动力弥散系数较小($10^{-11}\sim10^{-8}$ m^2/s)[13]，横向混合效率低下[3,144,145]。然而，横向混合是决定地下水中污染物运移的关键因素，也是估算稳态污染羽长度的关键过程[10-12,60,66,146]。多孔介质的非均质性可导致溶质羽的变形，从而形成浓度梯度并增大溶质扩散通量[12,73,74]。高渗透性区域中的流动聚集效应使得流线受到挤压，从而导致垂直于流线方向的溶质浓度梯度增大。在二维系统中，由流动聚集引起的浓度梯度增大效应远大于在该区域内因运移时间缩短所产生的效应，从而导致横向混合的净增强[14,19,73,114]。该过程的作用与发生在污染羽狭窄边缘处的降解反应尤为相关，此处正是反应物之间发生物理混合的地方[6,62,147-149]。

由于混合发生于极小的空间尺度，因此尽管监测技术迅猛发展，但解释现场尺度上急剧变化的浓度梯度仍然具有挑战性[6,150,151]。因此，室内实验[77,115,125,152]和多尺度数值模拟[37,39,61,153-155]是帮助理解多孔介质中稀释过程的基础手段。然而这些研究大多集中于(准)二维系统，在三维区域中，详细的实验和模拟研究并不常见[17,65,156-158]，重点关注溶质在全三维多孔介质中运移的实验几乎没有，仅有的研究也主要关注绘制溶质浓度的非侵入性技术的发展和溶质穿透[127,130,131,159,160]，针对全三维设置开展的关于横向混合的实验研究少之又少。

Cirpka 等[17]提出了三维多孔介质非均质性增强横向混合的三种机制：(1)流动聚集，它是二维稳态运移中增强横向混合的主要过程；(2)深度相关的溶质羽的蜿蜒，其导致了溶质羽表面积的扩大；(3)空间各向异性引起的流线扭曲。本章聚焦于第一种机制，提供理论分析、数值结果和实验验证。瞬态流动对非均匀介质中横向混合的影响[161,162]很难通过实验进行说明，因此本章不作考虑。

室内实验极大地简化了天然含水层，因此很难准确刻画非均质各向异性材料的复杂排列[88]、高渗透性透镜体的水力连通性[163,164]、自然含水层系统内的化学及生物地球化学复杂特性。但是，室内流动实验可以在明确的定义和可控的条件下，针对选定的过程进行详细研究，以促进对过程的理解，并且实现利用实验数据测试不同的概念模型和数值模型的目的，其优点还包括室内实验数据的不确定性显著低于现场观测值的不确定性。

本章采用一个极度简化的几何拓扑结构来分析物理非均质性对三维装置中稳态溶质混和及其增强的影响。具体来说，本章比较了准二维和三维实验流动系统，研究了高渗透性区域的流动聚集及由其引发的横向混合增强过程。研究采用 1 m/d 和 5 m/d 两种流速，进行了保守性多元溶质示踪实验。在三维实验中考虑了三种不同的非均质设置，并将其中的一个设置横截面重复用于一个准二维系统中，以方便准二维和三维实验结果的直接对比。溶质质量通量的测量通过出口处高空间分辨率的端口实现。研究中，使用通量相关的稀释指数来量化稳态溶质羽的稀释程度[74]，并推导了三维情况下混合增强因子的解析表达式，由此拓展了 Werth 等[73]给出的二维分析结果。基于模型解释的实验结果有助于量化由流动聚集所造成的混合增强量。

3.2 实验与方法

3.2.1 横向混合的理论分析

定量非均质多孔介质中的横向混合是一项具有挑战性的任务，因为将溶质羽蜿蜒、挤压和拉伸这类由纯对流引起的效应与最终由扩散引起的稀释分离开来是非常困难的[19,74,165]。本节将对含有高渗透性透镜体的多孔介质中衡量横向混合的两个指标——混合增强因子[73]和通量相关的稀释指数[74]进行描述。

图 3-1 展示了高渗透性透镜体对三维承压饱和均匀流场的影响。由于透镜体的渗透系数 K_l 大于基质的渗透系数 K_m，所以流线被聚集于透镜体中，如图 3-1 中的黑线所示。透镜体中的流速比周围基质中的流速更大，将产生三种影响：(1)透镜体中的横向弥散系数(D_t)比周围基质大；(2)水流通过透镜体的时间短于通过基质中相同距离所需的时间；(3)透镜体内流线间的侧向和垂向距离比透镜体外的更短，因此两流线之间的横向弥散质量交换在透镜体内需要经过的距离比在基质中的距离短。透镜体的另一个作用体现在：

较大粒径的透镜体不仅增大了渗透系数，而且增大了横向水动力弥散系数，其中后者应区别于因流速增大而增大的横向弥散系数。

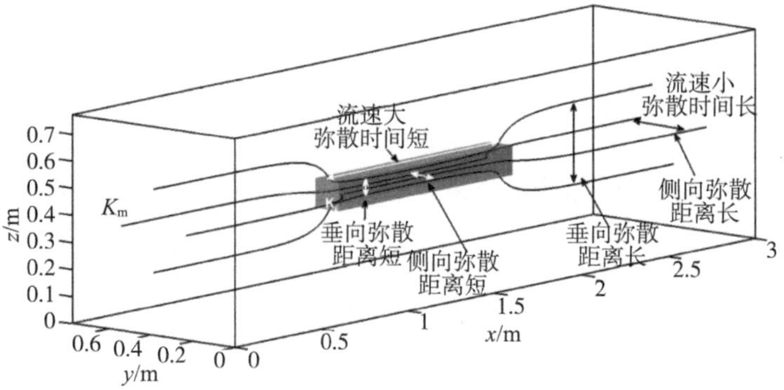

图 3-1　三维高渗透性透镜体中流线聚集效应示意图

3.2.1.1　混合增强因子

Werth 等[73]通过引入混合增强因子来量化长度为 L_i 和高度为 h_i 的矩形高渗透性透镜体对横向混合的增强作用，所涉及的二维系统长度设为 L_{tot}，高度设为 h_{tot}。

利用特征弥散长度 λ，Werth 等[73]假设了稳态流动条件下的两种极限情况，其中的 λ 通常被定义为 $\lambda = \sqrt{2Dt}$（式中，t 为混合时间，s；D 为水动力弥散系数大小，m^2/s）。

在第一种情况下，整个流动聚集于高渗透性透镜体 i 中。此时，垂向的混合程度可用无量纲比值表示，即

$$\frac{\lambda_{tv,i}}{h_i} = \frac{1}{h_i}\sqrt{\frac{2D_{t,i}L_i}{u_i}} \tag{3-1}$$

式中，$\lambda_{tv,i}$ 为透镜体中的垂向特征弥散长度，m；$D_{t,i}$ 为透镜体中的横向弥散系数，m^2/s；时间 t 由透镜体的长度与其中的实际平均流速 u_i 之比替代。

在第二种情况下，多孔介质为均质，透镜体不复存在。此时的混合程度被定义为

$$\frac{\lambda_{tv,m}}{h_{tot}} = \frac{1}{h_{tot}}\sqrt{\frac{2D_{t,m}L_i}{u_m}} \tag{3-2}$$

式中，$\lambda_{tv,m}$为均质介质中的垂向特征弥散长度，m；$D_{t,m}$为均质介质中的横向弥散系数，m^2/s；u_m为均质介质中的实际平均流速，m/s。

二维系统中的混合增强因子被定义为式(3-1)和式(3-2)的比值，即

$$MF_{i,v}=\frac{h_{tot}}{h_i}\sqrt{\frac{D_{t,i}u_m}{D_{t,m}u_i}} \tag{3-3}$$

假设总流量 Q_{tot} 全部通过透镜体，并且区域中流量守恒，则 u_i可以表示为

$$Q_{tot}=n_iu_ih_i=n_mu_mh_{tot}\Rightarrow u_i=\frac{u_mn_mh_{tot}}{n_ih_i} \tag{3-4}$$

式中，n_i和 n_m分别为透镜体和均匀介质中的有效孔隙度。为了方便简化，假定它们的值相同。

在上述理想假设条件下，二维系统的混合增强因子可表示为

$$MF_{i,v}=\sqrt{\frac{D_{t,i}h_{tot}}{D_{t,m}h_i}} \tag{3-5}$$

由式(3-5)可以发现，即使假定“透镜体中的横向弥散系数与基质中的横向弥散系数相同($D_{t,i}=D_{t,m}$)”这种不符合实际的情况，二维非均质多孔介质中的横向混合也是增强的。Werth 等[73]同样考虑了非理想情况，即总流量并不是完全流经透镜体的。在该情况下，透镜体外的横向混合减弱，然而对于整个区域横截面来说，即使 $D_{t,i}=D_{t,m}$，平均横向混合还是会得到增强。

现考虑长度为 L_{tot}、高度为 h_{tot}和宽度为 w_{tot}的三维区域中单个高渗透性透镜体对混合增强的影响。类似于二维情况，针对含有长度为 L_i、高度为 h_i和宽度为 w_i透镜体的三维系统，可以定义垂向($MF_{i,v}$)和侧向($MF_{i,h}$)的混合增强因子：

$$MF_{i,v}=\frac{h_{tot}}{h_i}\sqrt{\frac{D_{t,i}u_m}{D_{t,m}u_i}} \tag{3-6}$$

$$MF_{i,h}=\frac{w_{tot}}{w_i}\sqrt{\frac{D_{t,i}u_m}{D_{t,m}u_i}} \tag{3-7}$$

在三维情况下，总流量被定义为

$$Q_{tot}=n_iu_ih_iw_i=n_mu_mh_{tot}w_{tot}\Rightarrow u_i=\frac{u_mn_mh_{tot}w_{tot}}{n_ih_iw_i} \tag{3-8}$$

假设孔隙度恒定不变，式(3-6)和式(3-7)可转化为

$$MF_{i,v}=\sqrt{\frac{D_{t,i}h_{tot}w_i}{D_{t,m}h_iw_{tot}}} \tag{3-9}$$

$$MF_{i,h}=\sqrt{\frac{D_{t,i}w_{tot}h_i}{D_{t,m}w_ih_{tot}}} \tag{3-10}$$

通过对比式(3-5)与式(3-9)可知，三维系统中的混合增强不同于二维系统。式(3-9)与式(3-5)的主要区别在于多了一个因子($\sqrt{w_i/w_{tot}}$)。根据 $w_i\leqslant w_{tot}$，可以推测出三维系统的混合增强因子小于二维系统。对于 $w_i/w_{tot}=h_i/h_{tot}$ 这种特定情况来说，式(3-9)和式(3-10)中混合增强的几何效应被抵消，横向混合的增强仅由透镜体内部的横向弥散系数引起($D_{t,i}>D_{t,m}$)。

为了进一步测试上述三维混合增强关系，本节在带有高渗透性透镜体的承压多孔介质中(见图3-1)进行了针对性的数值模拟。系统长度设为3 m，宽度设为0.77 m，高度设为0.77 m。在不同的模拟工况中，变化透镜体宽度，保持透镜体长度和高度不变，分别为0.2 m和0.066 m。透镜体与基质的渗透系数比率为13，平均水力梯度为1.84×10^{-3}。溶质源的宽度和高度均为0.046 2 m。如图3-2(a)所示，随着透镜体宽度的增大，溶质羽在透镜体中的停留时间延长(u_i减小)，由此增强了透镜体在垂向的混合($MF_{i,v}$)。相反，水平方向的混合增强因子 $MF_{i,h}$随着 w_i的增大而减小，其原因在于流量被分布于更宽的空间中。

在相同的模型设置条件下，本节同时计算了系统出口处溶质羽在垂向和侧向的二阶中心矩平方根 $\sqrt{M_{2C,v}}$ 和 $\sqrt{M_{2C,h}}$，其定义为

$$\sqrt{M_{2C,v}}=\sqrt{\frac{\int_0^{h_{tot}}(z-M_{1,v})^2c_v\mathrm{d}z}{\int_0^{h_{tot}}c_v\mathrm{d}z}} \tag{3-11}$$

$$\sqrt{M_{2C,h}}=\sqrt{\frac{\int_0^{w_{tot}}(y-M_{1,h})^2c_h\mathrm{d}y}{\int_0^{w_{tot}}c_h\mathrm{d}y}} \tag{3-12}$$

式中，$M_{1,v}$ 和 $M_{1,h}$ 分别为垂向和侧向的一阶空间矩，其定义为

$$M_{1,v}=\frac{\int_0^{h_{tot}} zc_v \mathrm{d}z}{\int_0^{h_{tot}} c_v \mathrm{d}z} \tag{3-13}$$

$$M_{1,h}=\frac{\int_0^{w_{tot}} yc_h \mathrm{d}y}{\int_0^{w_{tot}} c_h \mathrm{d}y} \tag{3-14}$$

式中，c_v 和 c_h 为沿侧向和垂向的平均标准化浓度，其定义为

$$c_v=\frac{\int_0^{w_{tot}} c_{norm} \mathrm{d}y}{w_{tot}} \tag{3-15}$$

$$c_h=\frac{\int_0^{h_{tot}} c_{norm} \mathrm{d}z}{h_{tot}} \tag{3-16}$$

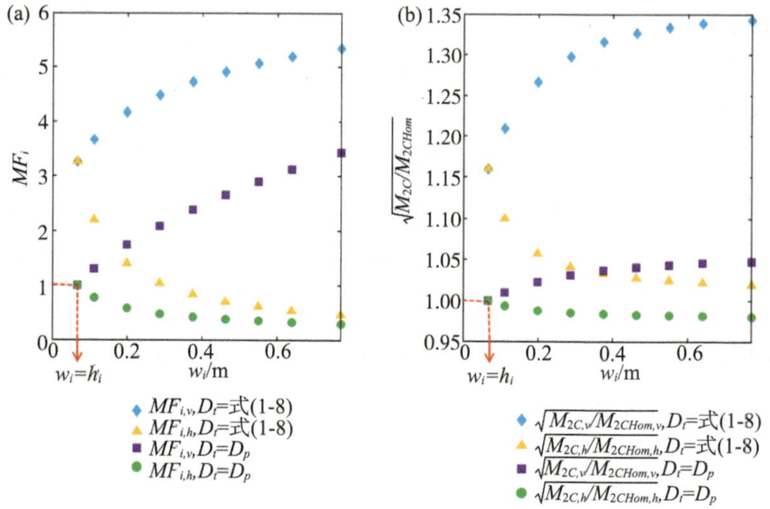

图 3-2　三维模型中由高渗透性透镜体引发的混合增强随透镜体宽度变化关系

在图 3-2(b)中，通过将三维均匀介质(即系统中不含透镜体)二阶中心矩的平方根对 $\sqrt{M_{2C,v}}$ 和 $\sqrt{M_{2C,h}}$ 进行标准化，可得 $\sqrt{M_{2C,v}/M_{2CHom,v}}$ 和 $\sqrt{M_{2C,h}/M_{2CHom,h}}$。对比图 3-2(a)和图 3-2(b)后可以发现，两者的发展趋势具有显著的一致性。

如图 3-2 所示，考虑式(1-8)的非线性横向弥散参数化方程，垂向和侧向的混合增强都明显大于纯孔隙扩散条件下的混合增强($D_t = D_p$)。由此表明，横向弥散参数化物理模型的选择与正确计算非均质多孔介质中混合增强是相互关联的。

图 3-2 中的红色虚线表示当局部弥散系数恒定($D_t = D_p$)时各向同性流动聚集的情况(即 $w_i/w_{tot} = h_i/h_{tot}$)。与解析推导结果一致，当流动在侧向和垂向的聚集程度相同时，侧向和垂向的混合增强将减小为透镜体与基质中横向弥散系数的比值。如果横向弥散系数不依赖于流速，不管弥散系数的大小如何，高渗透性透镜体均不会导致三维系统中混合增强的发生。

图 3-2 还表明，对于各向异性流动聚集情况(即 $w_i/w_{tot} \neq h_i/h_{tot}$)而言，横向混合具有很强的方向依赖性。在图 3-2 中，垂向的混合增强相对较大。对于局部弥散系数恒定的情况($D_t = D_p$)，甚至可能发生横向混合减弱的情况(如图 3-2 中的侧向混合)。该情况下，透镜体中混合时间的缩短对横向混合的影响大于由横向混合长度缩短所带来的效应，而此时的垂向混合增强程度更大了。

根据上述分析可见，与三维系统相比，基于二维模拟的研究可能会高估由流动聚集所导致的混合增强作用，横向弥散系数恒定的假设则可能会导致非均质多孔介质数值模拟研究低估实际的混合增强程度。

3.2.1.2　通量相关的稀释指数和反应比

本章同样采用通量相关的稀释指数对稳态溶质羽的稀释程度进行量化。通量相关的稀释指数定义见章节 1.2.3。

除此之外，反应比(reactor ratio)M_Q被用来衡量稀释进度，其定义为

$$M_Q(x) = \frac{E_Q(x)}{Q_x} \tag{3-17}$$

式中，Q_x为总流量，m^3/s。当溶质均匀分布于总水流中时，与通量相关的反应比 M_Q达到最大值，即 $M_Q = 1$。

3.2.2　实验设置

多元示踪实验在三维和准二维砂槽中进行。图 3-3(a)展示了三维流动

设置的照片。三维砂槽和准二维砂槽的内部尺寸和出入端口设置与章节2.2.1中的描述基本一致，唯一的区别在于，本章砂槽中的所有端口均连接至高精度蠕动泵，并未留有自由端口。准二维和三维系统中的完全饱和区域高度分别为9 cm和7.7 cm。两个系统均存在一个潜水表面，其上覆盖有毛细浅层和非饱和区，液体抽取所在区域为全饱和区。实验在恒温实验室（T=22 ℃）进行。实验实际平均流速设置为1 m/d和5 m/d。

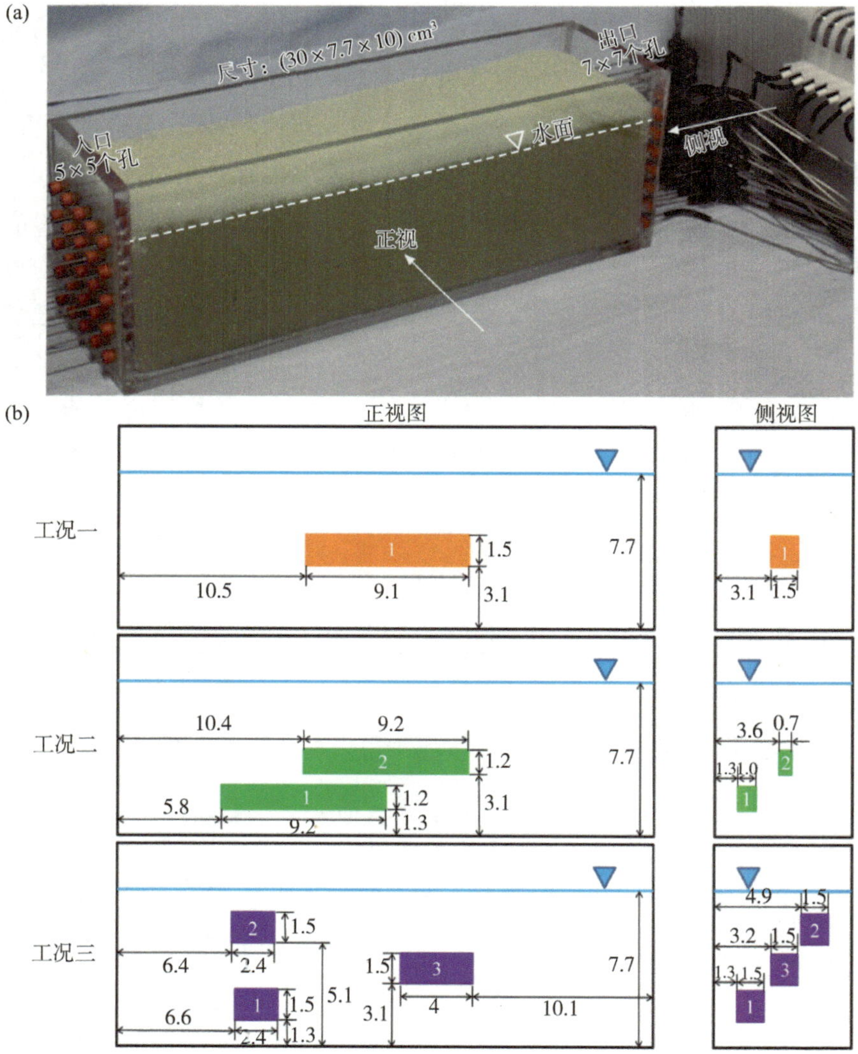

图 3-3　三维流动砂槽照片及三维非均质多孔介质设置的正视与侧视图(单位:cm)

将渗透系数为 3.24×10^{-2} m/s 的粗粒径玻璃珠填充至渗透系数为 2.5×10^{-3} m/s 的细粒径均质玻璃珠中，以形成高渗透性透镜体。上述渗透系数值可根据由 Hazen[166] 提出的粒径与渗透系数的经验关系计算得到，即 $K=(Pd)^2$，其中 $P=100\ \mathrm{m^{-0.5}s^{-0.5}}$；$K$ 为渗透系数，m/s。于三维系统中建立的三种非均质设置见图 3-3(b)。实验中使用了粒径为 0.4～0.6 mm 的玻璃珠作为低渗透基质及粒径为 1.6～2.0 mm 的玻璃珠以形成高渗透性透镜体。在准二维多孔介质实验中，插入了单个高渗透性透镜体，透镜体尺寸为 9 cm×1.1 cm×1.2 cm，其中心位于入口下游 14 cm、砂槽底部上方 4.5 cm 处。

三维流动系统中三种非均质设置的正视和侧视图及透镜体的尺寸和位置如图 3-3(b)所示。分别将 1 个、2 个、3 个透镜体插入均质多孔介质中，以得到三种不同的构造。这三种构造分别被命名为工况一、工况二和工况三。在三个工况中所用的高渗透材料总体积及沿流动方向的透镜体终点位置始终保持一致。在实验填充过程中始终维持多孔介质的饱和状态，以预防多孔介质中气泡的形成[134]。基质和高渗透性透镜体的孔隙度均为 0.4。

多元示踪流动及运移实验程序均与章节 2.2.1 中所述的一致，此处不再赘述。

3.2.3　模型设置

为了解释实验结果，将由 Cirpka 等[17] 提出的数值代码稍作修改后进行流动和运移的数值模拟。将三维模拟区域划分成 150×35×41 个网格，离散间距为 $\Delta x=0.2$ m，$\Delta y=\Delta z=0.2$ m；将二维模拟区域划分成 140×5×41 个网格，离散间距为 $\Delta x=0.2$ m，$\Delta y=0.22$ m，$\Delta z=0.254$ m。

多孔介质中的流动可以结合连续性方程和达西定律来描述，可以将后者写成

$$\boldsymbol{q}(\boldsymbol{x})=-\boldsymbol{K}(\boldsymbol{x})\cdot\nabla h(\boldsymbol{x}) \tag{3-18}$$

式中，$\boldsymbol{q}$ 为达西速度向量，m/s；$\boldsymbol{K}$ 为渗透系数张量，m/s；$\boldsymbol{x}$ 为空间坐标向量，m；h 为水头，m。在考虑各向同性多孔介质的情况下，$\boldsymbol{K}$ 可转化为标量场。

流动控制方程的求解采用有限体积法。为保持与实验设置的一致性，将流动系统设置为非承压含水层，采用 Mualem/van-Genuchten 参数化方程[167]

和反映粗砂的非饱和参数[168]，在流动系统的顶部考虑非饱和条件。将出入口设置为定流量边界条件，将流动系统的底部和侧面设置为无流边界。流线的计算采用了 Pollock[169]的粒子追踪方法。

保守性稳态溶质运移的计算仍采用对流-弥散方程，如式(1-1)所示。其中，达西速度与实际平均流速的关系为 $\boldsymbol{u}=\boldsymbol{q}/n$。运移过程中的横向弥散系数的计算采用非线性、化合物特征性参数化方程(式(1-8))，式中的 β 和 δ 值分别被设为 0.5 和 5.37，该值为通过实验所得的多孔介质粒径范围在 0.2～1.5 mm 内的平均值[35,36,40]。

x 方向上稳态对流-弥散运移的模拟在具有一定间距的 y-z 截面上进行。在每个截面上，使用 Voronoi 算法构造多边形，其中心与流线和观测平面的交点相重合。随后，采用有限体积法模拟从一个截面到下一个截面的运移和横向弥散，其中的时间由沿着每根流线的平面至平面的单个行程时间所替代。与 Cirpka 等[17]所采用的设置不同的是，底部、侧面和顶部的边界条件均设置为零通量边界，入口截面则被设置为常通量边界条件。该数值方法的优点在于，相较于依赖固定笛卡尔网格的数值解，其可以显著减小数值弥散。表 3-1 中列出了数值模拟中所使用的参数值。

表 3-1　模型中的流动和运移参数

参数	值
细颗粒粒径平均值/mm	0.5
粗颗粒粒径平均值/mm	1.8
细颗粒孔隙度	0.4
粗颗粒孔隙度	0.4
细颗粒渗透系数/(m·s^{-1})	2.5×10^{-3}
粗颗粒渗透系数/(m·s^{-1})	3.24×10^{-2}
van Genuchten 参数 a_v* /(m^{-1})	7.9
van Genuchten 参数 N*	35.8
荧光素钠水动力扩散系数** /(m^2·s^{-1})	0.48×10^{-9}
氧气水动力扩散系数** /(m^2·s^{-1})	1.97×10^{-9}

（续表）

参数	值
式(1-8)中的参数 δ^{***}	5.37
式(1-8)中的参数 β^{***}	0.5

注：* Haberer 等[134]；
** Worch[170]和 Atkins[171]，22℃；
*** Ye 等[40]。

为了验证采用的数值方法所产生的数值弥散较小，本节还计算了类似于图 3-1 所示的三维非均质设置和均质设置中通量相关的稀释指数比值。数值模型的区域尺寸为长 3 m、宽 0.77 m、高 0.77 m。与实验设置不同的是，数值区域中存在水平上边界，并且模型在整个高度上都是完全饱和的。非均质设置中，在距离入口 1.8 m 处插入高渗透性透镜体，透镜体尺寸为长 0.2 m、宽 0.066 m、高 0.066 m，其渗透系数与周围基质的渗透系数之比为 13。该渗透性差异导致了透镜体中溶质羽的聚集。在模拟中设定条件 $h_i=w_i$ 和 $h_{tot}=w_{tot}$，同时考虑非线性 D_t 参数化和 D_t 为常数($D_t=D_p=1.92\times10^{-10}$ m^2/s)这两种情况。如图 3-4 所示，在第一种情况下，弥散系数的差异使得横向混合得到明显增强；而在第二种情况下，高渗透性透镜体并未导致通量相关的稀释指数的增大。正如在章节 3.2.1.1 中所预期的那样，纯孔隙扩散情况下的稀释未被增强。数值方法再现该现象的事实表明，该数值方法不存在明显的横向数值弥散。

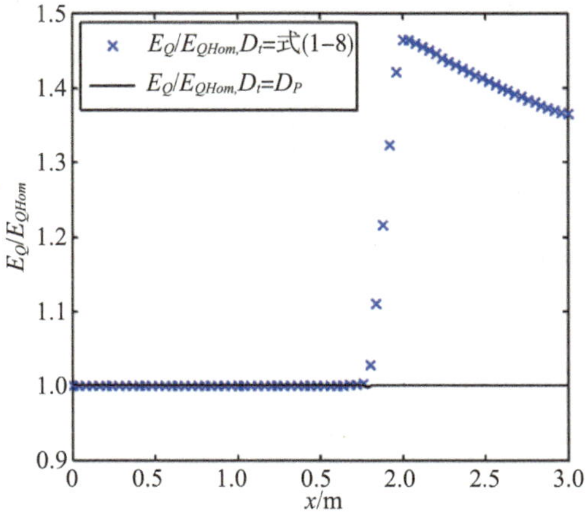

图 3-4　三维非均质与均质多孔介质中通量相关的稀释指数比值沿流动方向的变化

3.3 三维非均质介质中的流动聚集

图 3-5(a)展示了三维设置中将高渗透性透镜体作用于流场的模拟结果。图中的彩色曲面为水头等势面，灰色曲面为水位面。从注入端口追踪流线(黑色线)至系统末端，可以发现，流线向高渗透性透镜体聚集。然而，由于流场的不均匀性，另有一些流线与初始流线束分离。在工况一中，所有注入流线都聚集于 $x=0.1$ m 处，离散于 $x=0.2$ m 处。流线聚集的区域正是高渗透性透镜体所在位置(如图 3-3 所示)。流动的聚集效应缩短了透镜体内流线之间的距离，由此增加了横向浓度梯度，但同时也缩短了混合时间。对于给定工况的透镜体和系统设置，几何效应可以被抵消(见章节 3.2.1.1 中关于各向同性聚集效应的讨论)，但是透镜体中更大的流速会导致局部横向弥散系

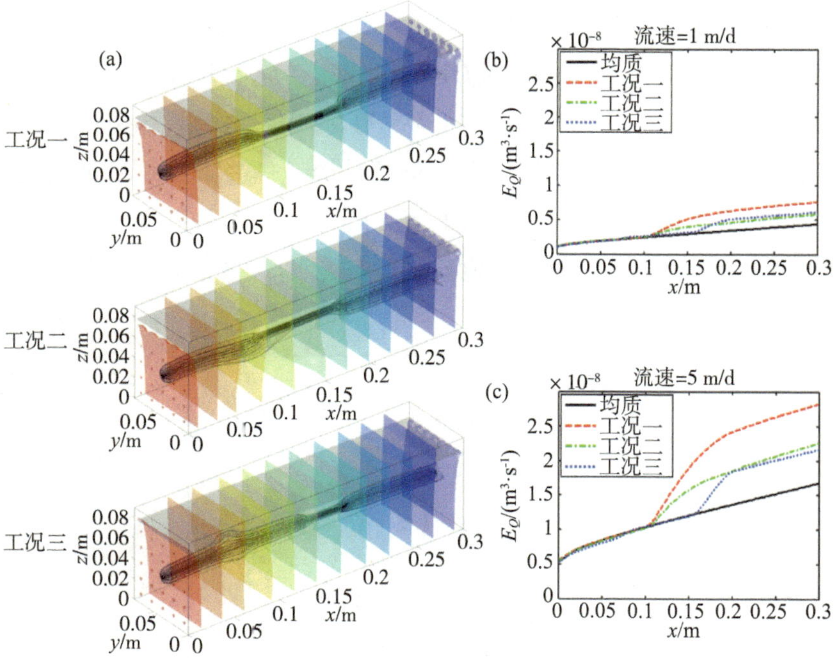

图 3-5　三维流线图(a)与实际平均流速为 1 m/d (b)和 5 m/d (c)时非均质及均质设置中通量相关的稀释指数

数增大，由此使得稀释程度得到提高（见图3-5(b)和图3-5(c)）。在实际平均流速为1 m/d和5 m/d的两种情况下，红色虚线显示，通量相关的稀释指数(E_Q)在x=0.1 m处出现突变，斜率增大，而斜率在x=0.2 m之后恢复至初始水平，该现象与流线行为表现一致。

在工况二中，少数流线在x=0.06 m处偏离初始流动轨迹，该处正是第一个高渗透性透镜体所在的位置（见图3-3）。由于该透镜体处于中心偏下的位置，所以溶质羽边缘并未完全聚集于透镜体内。在透镜体外，流线以低于平均流速的速度蜿蜒前进。因此，尽管横向混合在透镜体内得到增强，但其在透镜体外反而被削弱，最终的结果是，第一个透镜体的存在并未显著提高溶质的稀释程度（如图3-5(b)和图3-5(c)中绿色点划线所示）。当溶质羽到达第二个透镜体所在位置（x=0.1 m处）时，所有从中心端口注入的流线都聚集其中。类似于工况一，工况二第二个透镜体中较快的流速增强了溶质的横向质量交换，从而使得透镜体中的稀释程度更高，该现象可通过图3-5(b)和3-5(c)中自x=0.1 m起开始逐渐增大的E_Q斜率体现出来。然而在沿x的方向上，工况二的稀释增强程度低于工况一，这是由于工况一中透镜体的横截面相较于工况二更大，因此流动聚集效应也相应更强。

工况三的流线走势不同于工况一和工况二。在x=0.06 m处，周围两个高渗透性透镜体（如图3-3所示）的存在导致了流线在侧向和垂向都发生了偏移。如图3-5(b)和3-5(c)中的蓝色虚线所示，当流速为1 m/d时，该流域前半部分的总体稀释程度与均匀介质相同；而当流速为5 m/d时，该流域前半部分的总体稀释程度甚至比均匀介质更低。导致上述现象产生的原因为：当流速为1 m/d时，由流体在透镜体内聚集而引起的稀释增强效应与透镜体外低速区稀释减弱效应相互抵消；而在较高流速下，高渗透性透镜体中聚集的含有溶质的流线相对更少，使得稀释减弱程度略胜于稀释增强程度。在第三个高渗透性透镜体所在位置x=0.15 m处，同样出现了如工况一中所示的流动聚集现象。然而，由于该透镜体长度较工况一更短，因此出口处的稀释指数更低。

从定性上来说，通量相关的稀释指数发展趋势在两种不同流速的条件下是相同的，但稀释指数值在高流速下更大。此处值得注意的是，通量相关的稀释指数对应于流量的大小。平均流速为5 m/d时的流量是平均流速为

1 m/d时的5倍。然而，由于横向弥散系数的增长率小于渗流速度的线性增长率，所以高流速条件下与低流速条件下的通量相关的稀释指数比值小于5，即在平均流速更大的情况下，反应比更小。

相比于均质多孔介质，研究中考虑的三种非均质设置均使得横向混合得到增强。工况一的稀释增强程度最高，工况二在流速为1 m/d时的稀释增强程度最低，工况三在流速为5 m/d时的稀释增强程度最低。导致该差异的原因包括透镜体不同的几何形状以及横向弥散系数与流速之间的非线性关系。

图3-6和图3-7分别展示了当流速为1 m/d和5 m/d时出口处的荧光素钠标准化浓度，图中同时展示了Ye等[40]在三维均质多孔介质中的实验结果，以方便直接对比本章的非均质情况。彩色柱子表示在7×7个出口端口的实验测量浓度，黑色轮廓则表示三维数值模型的正向模拟结果。值得注意的是，数值模型中的所有参数均非拟合值。由图3-6和图3-7可见，两种流速下的实验测量值与模型结果吻合较好。根据χ^2测试可对模型性能进行评估，其定义为

$$\chi^2 = \frac{1}{n_{ports}} \sum_{1}^{n_{ports}} \frac{(c_{meas} - c_{simu})}{\varepsilon^2} \tag{3-19}$$

式中，n_{ports}为抽水端口数量；c_{meas}为实验测得的出口端口浓度的标准化值；c_{simu}为数值模拟中出口浓度的标准化值；ε为实验误差，是使得$\chi^2 \approx 1$的估算后验。在如图3-6和图3-7所示的8种情况下，平均实验误差均小于11%，可以与均质多孔介质中的实验结果相媲美[40]。

如图3-6所示，4种工况下的峰值浓度差异显著，并且由于高渗透性透镜体的稀释增强效应，使得非均质工况的峰值浓度低于均质工况。工况一的峰值浓度最低，工况二和工况三的峰值浓度相似，该结果与根据数值模拟所预测的稀释程度相对应(图3-5)。在3种非均质设置中，高渗透性透镜体的总体积基本相同，但透镜体在基质中的空间分布不同，由此造成了横向混合增强程度各异。因此，仅仅知道高、低渗透性介质的体积比和渗透系数比将不足以预测溶质羽的稀释程度，横向弥散和稀释增强直接取决于溶质羽边缘在高渗透性透镜体中的聚集形式[15,105]。

图3-7所示为高流速下的结果，其趋势与图3-6具有一致性，区别在于

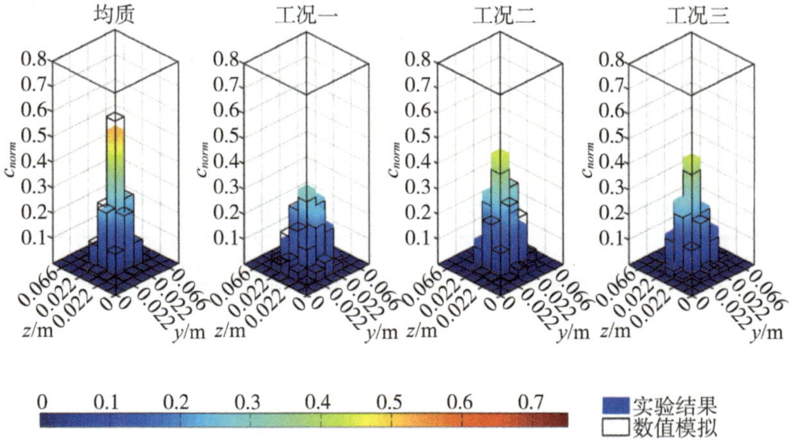

图 3-6　流速为 1 m/d 条件下三维均质和三种非均质设置出口处的标准化荧光素钠浓度分布图

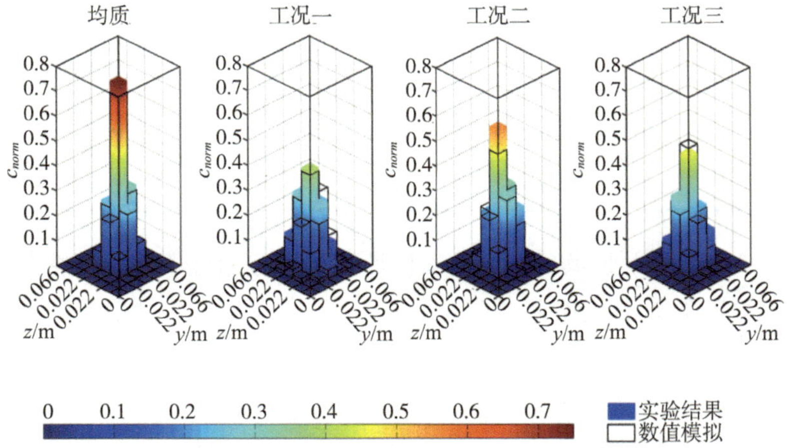

图 3-7　流速为 5 m/d 条件下三维均质和三种非均质设置出口处的标准化荧光素钠浓度分布图

流速越大，峰值浓度越高。导致该区别的原因为，溶质在高流速系统中的停留时间较短，并且横向弥散系数对平均流速的线性依赖性较低。

表 3-2 中所列的为不同流速下系统出口处通量相关的稀释指数和反应比。通量相关的稀释指数值在 5 m/d 时大于其在 1 m/d 时的相应值，同时应该注意的是，流速为 5 m/d 时的总体积流量是 1 m/d 时的 5 倍。因此，除了

用E_Q来量化溶质羽的绝对稀释程度外，还可通过反应比来度量经总体积流量标准化后的相对稀释程度。反应比在较低流速的实验中始终保持相对较大的结果。正如上述讨论所得，这是由流速为1 m/d时溶质的停留时间是5 m/d时的5倍，而两者局部横向系数的比值却小于5的原因所导致的。

表 3-2 三维系统出口处通量相关的稀释指数与反应比

工况	1 m/d			5 m/d		
	实验	模拟	相对误差	实验	模拟	相对误差
通量相关的稀释指数/($m^3 \cdot s^{-1}$)						
均质	4.85×10^{-9}	5.13×10^{-9}	5%	1.93×10^{-8}	2.10×10^{-8}	8%
工况一	7.83×10^{-9}	8.70×10^{-9}	10%	3.16×10^{-8}	3.32×10^{-8}	5%
工况二	5.43×10^{-9}	6.78×10^{-9}	20%	2.06×10^{-8}	2.73×10^{-8}	25%
工况三	6.20×10^{-9}	6.81×10^{-9}	9%	2.46×10^{-8}	2.52×10^{-8}	3%
反应比						
均质	0.18	0.18	5%	0.15	0.16	8%
工况一	0.28	0.31	10%	0.23	0.24	5%
工况二	0.20	0.24	20%	0.15	0.20	25%
工况三	0.23	0.25	9%	0.19	0.19	3%

除了工况二以外，其他工况下实验所得的稀释指数$E_{Q,meas}$值与模拟结果$E_{Q,simu}$值之间的标准化误差（即$(E_{Q,meas}-E_{Q,simu})/E_{Q,simu}$绝对值）均在10%以内。造成工况二中较大误差（1 m/d时为20%，5 m/d时为25%）的原因可能是实际实验中高渗透性材料与低渗透性材料之间的界面并不如模型假设的那样理想，细粒径玻璃珠可能会侵入透镜体边缘大粒径玻璃珠的孔隙之间。在本实验装置中，不同粒径之间过渡区的宽度大约为1～2个颗粒尺寸。假如透镜体在垂向的尺寸较大，那么由过渡区造成的影响可以忽略不计，如工况一和工况三的设置；相反，工况二在垂向的尺寸相对较小，使得受到过渡区影响的程度相对较高，由此可解释工况二中模型和实验结果之间更为明显的差异。

除了考虑不同装置中通量有关的稀释指数和反应比之外，计算由非均匀介质中流动聚集引起的稀释增强程度更加具有说服力。表3-3列出了各非均质设置下的稀释增强情况，其值等于非均质工况下与均质工况下系统出口处通量相关的稀释指数比。工况一的稀释增强程度最高，为 65%，工况二和工况三的稀释增强程度则相对较低。对于特定设置，不同流速下的稀释增强程度是相似的。

表 3-3　三维非均质和均质设置出口处通量相关的稀释指数比值

非均质设置	1 m/d		5 m/d	
	实验	模拟	实验	模拟
工况一	1.61	1.70	1.64	1.58
工况二	1.12	1.32	1.07	1.30
工况三	1.28	1.33	1.28	1.20

3.4　系统维度对溶质混合及其增强的效应

相较于二维系统，三维系统提供了一个额外的自由度，由此使得三维系统中的稀释程度通常高于二维系统[104]。本节通过测量二维和三维系统中通量相关的稀释指数证实了以上结论（见表 3-4）。事实上，二维和三维流动系统中高渗透性透镜体的稀释增强作用方式是不同的。为了通过实验验证上述论断，本节比较了简易准二维和三维装置中的稀释增强情况。在准二维流动系统中插入单个透镜体，使之形成类似于三维系统的非均质工况一。为达到直接对比的目的，两种设置下的透镜体均位于系统中心，并且具有相同的长度，透镜体高度均等同于相应设置中相邻注水孔之间的距离。实验将荧光素钠作为示踪剂，在平均流速为 1 m/d 和 5 m/d 的条件下进行。

图 3-8 展示了在平均流速为 1 m/d 和 5 m/d 的条件下，均质和非均质设置实验中出口处的通量相关的稀释指数。为使准二维和三维系统之间的比较更具有意义，将出口处通量相关的稀释指数减去其在入口处的值。如图 3-8 所示，准二维系统中的结果与三维系统中的结果明显不同，三维设置条件下的稀释程度高于准二维设置。此外，实验结果（黑色柱子）与模型结果（白色柱子）之间的差异在所有工况下均小于 17%，表明模型可以有效预测实验数据。另外，在某一特定的流速下，相较于均质设置，准二维和三维装置中的稀释程度均在非均质设置条件下更高。

表 3-4　三维和准二维非均质设置条件下出口处通量相关的稀释指数及其标准化值与反应比及其标准化值

流速	三维			准二维		
	实验	模拟	相对误差	实验	模拟	相对误差
通量相关的稀释指数/($m^3 \cdot s^{-1}$)						
1 m/d	7.83×10^{-9}	8.70×10^{-9}	10%	2.69×10^{-9}	2.95×10^{-9}	9%
5 m/d	3.16×10^{-8}	3.32×10^{-8}	5%	1.14×10^{-8}	1.30×10^{-8}	13%
标准化通量相关的稀释指数/($m^3 \cdot s^{-1}$)						
1 m/d	6.71×10^{-9}	7.58×10^{-9}	12%	2.05×10^{-9}	2.32×10^{-9}	11%
5 m/d	2.61×10^{-8}	2.77×10^{-8}	6%	8.21×10^{-9}	9.85×10^{-9}	17%
反应比						
1 m/d	0.28	0.31	10%	0.61	0.67	9%
5 m/d	0.23	0.24	5%	0.51	0.58	13%
标准化反应比						
1 m/d	0.24	0.27	12%	0.46	0.52	11%
5 m/d	0.19	0.20	6%	0.37	0.44	17%

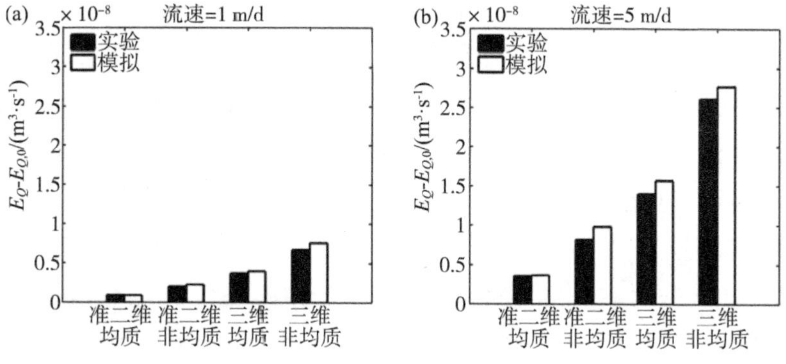

图 3-8　准二维和三维流动系统出口处的标准化通量相关的稀释指数

表 3-4 中列出了在流速为 1 m/d 和 5 m/d 的准二维和三维非均质设置中，通量相关的稀释指数绝对值和标准化值以及反应比。值得注意的是，准二维系统中的反应比相较于三维系统的更大，这与通量相关的稀释指数所呈

现的现象相反。该差异是由两个参数所捕捉的溶质羽稀释特性不同造成的。通量相关的稀释指数量化的是溶质的稀释程度,其在三维系统中更高;反应比表示的是稀释相对于最大稀释的程度,由于准二维系统中的总流量显著小于三维系统,因此准二维系统中的溶质质量通量能更好地分布于总流量中。反应比也可指示溶质在系统中进一步被稀释的可能性:当出口处的值越大,溶质羽的稀释程度就越高,其进一步被稀释的潜能则越小。结合用于量化横向混合对溶质羽稀释影响的两个参数信息,可以得出以下结论:与准二维系统相比,溶质羽在三维系统中的稀释程度更高,并且具有更大的被进一步稀释的潜能。

如同前文中对不同的三维工况所作的分析一样,采用非均质与均质流动系统出口断面通量相关的稀释指数比值,来衡量不同维度系统中的稀释增强效应,结果如表 3-5 所示。尽管三维系统中的稀释程度高于准二维系统,但在准二维非均质系统(约 1.8)中的稀释增强程度比三维非均质系统(约 1.6)中的更强。由此表明,通过二维系统得到的结果可能会高估三维系统中流动聚集对横向混合的增强作用。

表 3-5　非均质与均质设置条件下出口处通量相关的稀释指数比值

流速	三维		准二维	
	实验	模拟	实验	模拟
1 m/d	1.61	1.70	1.76	1.95
5 m/d	1.64	1.58	1.67	1.93

为了将三维系统中垂向及侧向的混合增强与准二维系统中的混合增强进行比较,分别根据式(3-5)、式(3-9)和式(3-10)计算混合增强因子(见表 3-6)。

表 3-6　三维与二维非均质设置条件下出口处混合增强因子解析值

流速	三维		准二维
	$MF_{i,v}$	$MF_{i,h}$	$MF_{i,v}$
1 m/d	3.2	3.2	6.9
5 m/d	2.8	2.8	6.2

表 3-5 中量化的稀释增强在三维系统中约为 1.6,在准二维系统中约为

1.8，表 3-6 中混合增强因子在三维系统中约为 3.0，在准二维系统中约为 6.5，采用两种量化方法所得的结果的趋势一致。两项结果均表明，三维系统中因流动聚集所产生的混合增强作用比准二维系统更弱。值得注意的是，式(3-4)和式(3-8)在推导过程中采用了“全部流线在高渗透性透镜体中聚集”这一假设，但通过数值模拟可知，在本章所涉及的两个平均流速下，只有部分溶质羽边缘聚集于透镜体。正如 Werth 等[73]所建议的那样，为了考虑这些影响，可以对公式进行一些修正，结果是 *MF* 值变小。尽管 *MF* 的解析方程仅在简化假设下有效，但该解析方程可以捕捉到二维和三维系统中的混合增强差异。

3.5 化合物特征性混合

本节通过研究不同溶质的运移过程展示其化合物特征性。图 3-9 所示为在流速 5 m/d 的条件下荧光素钠和溶解氧的实验和数值模拟结果，主要包括准二维和三维设置中通量相关的稀释指数标准化值。无论是在准二维还是三维多孔介质中，氧气在流动系统出口处的稀释程度均高于荧光素钠。正如 Ye 等[40]所论述的那样，尽管氧气测量结果的不确定性比荧光素钠更大，但模型和实验结果之间的匹配度仍然较好。

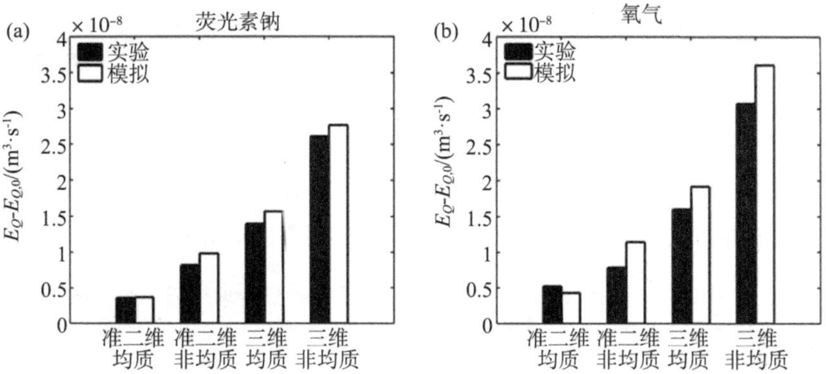

图 3-9　准二维和三维流动系统出口处荧光素钠与氧气的标准化通量相关的稀释指数

表 3-7 中总结了通量相关的稀释指数和反应比的计算值与模拟值。通量相关的稀释指数标准化值与反应比之间的差异可通过之前章节给出的理由进行解释，即三维系统中的稀释程度更高，而二维系统中的质量通量能更

好地分布于总流量中。

表 3-7　流速为 5 m/d 的准二维和三维非均质设置条件下出口处荧光素钠与氧气的通量相关的稀释指数及其标准化值与反应比及其标准化值

溶质	三维			准二维		
	实验	模拟	相对误差	实验	模拟	相对误差
通量相关的稀释指数/($m^3 \cdot s^{-1}$)						
荧光素钠	3.16×10^{-8}	3.32×10^{-8}	5%	1.14×10^{-8}	1.30×10^{-8}	13%
氧气	3.62×10^{-8}	4.17×10^{-8}	13%	1.10×10^{-8}	1.46×10^{-8}	25%
标准化通量相关的稀释指数/($m^3 \cdot s^{-1}$)						
荧光素钠	2.61×10^{-8}	2.77×10^{-8}	6%	8.21×10^{-9}	9.85×10^{-9}	17%
氧气	3.07×10^{-8}	3.61×10^{-8}	15%	7.84×10^{-9}	1.15×10^{-8}	32%
反应比						
荧光素钠	0.23	0.24	5%	0.51	0.58	13%
氧气	0.26	0.30	13%	0.49	0.66	25%
标准化反应比						
荧光素钠	0.19	0.20	6%	0.37	0.44	17%
氧气	0.22	0.26	15%	0.35	0.51	32%

图 3-9 所示的实验和模拟结果表明，即使在非常快(如 5 m/d)的地下水流速条件下，氧气的稀释程度仍高于荧光素钠，化合物特征性效应不能被忽略。在强对流情况下，横向水动力弥散系数，尤其是机械弥散项，仍取决于所运移溶质的扩散性，这一点在前人的理论和模型研究中也有所呈现[120,172]。

3.6　小结

本章利用理论分析、数值模拟和室内实验 3 种手段探究了含有高渗透性透镜体的各向同性多孔介质中稳态溶质羽的稀释。在研究中将相同体积的高渗透性材料插入均匀的低渗透性基质中，通过改变透镜体的几何形状和位置形成 3 种不同的三维非均质设置。当溶质运移达到稳态后，在流动系统出口处测量得到高分辨率的浓度剖面和体积流量。稀释程度通过通量相关的稀释指数进行量化，通过数值模拟可计算得到垂直于运移方向的各横截面的稀释指数值，而通过实验仅可得到流动系统出口处的值。本章的主要结果总结如下。

（1）在高渗透性透镜体中，流线之间的距离以及溶质经过特定纵向长度的时间均被缩短。在二维系统中，由流线间距缩小带来的影响大于由时间缩短带来的影响，因此，即使假设孔隙扩散不依赖于流速，透镜体也会导致横向混合和稀释的增强。在三维系统中，当侧向和垂向的聚流程度相同时，上述两种效应将被抵消。当流场在侧向和垂向的聚集程度不同时，混合程度在溶质羽边缘聚集较多的方向上得到提高，在聚集较少的方向上降低。在简化的实验条件下，通过对二维流动预测所得的混合增强是三维介质中混合增强的上限。然而，由于高渗透性透镜体中的流速更快，局部横向弥散系数也更大，外加高渗透性透镜体中更大的粒径使得局部横向弥散系数更大，因此，只要溶质羽边缘位于透镜体内，无论透镜体的几何形状如何，都会导致三维系统中混合的增强。

（2）当溶质羽边缘未聚集于高渗透性透镜体内部时，溶质羽蜿蜒于流速较低的区域，由横向混合导致的稀释被减弱。因此，总稀释程度不仅取决于粗粒径材料与基体之间的渗透系数比及两者的体积比，还取决于透镜体相对溶质羽边缘的空间位置。在实验研究中，3 种非均质工况均使得稀释相较于均质流动系统得到增强，但增强程度各异。该结果与从类似二维实验[74]和数值模拟[73,114]中观察到的结果是一致的。

（3）横向弥散在三维系统中作用于两个横向方向，而在二维系统中只作用于一个横向方向，因此，由横向混合导致的稀释在三维系统中更加显著。由流动聚集导致的稀释增强作用则在准二维系统中更大。此外，研究结果表明，恒定弥散系数这样一个随机地下水文学常见假设，可能会严重低估三维流场中的横向混合增强。因此，确定问题的维度和参数化局部弥散系数对正确理解和模拟多孔介质中的混合过程至关重要。

（4）在二维和三维系统中，溶质运移的扩散特性不仅在低流速时影响横向水动力弥散系数，在高流速时同样会对横向水动力弥散系数造成影响。相比于二维系统，三维系统中局部横向弥散系数对增强溶质羽的稀释更加重要[40]，由此导致三维系统中的化合物特征性效应更加明显。介质的非均质性未能减少化合物特征性对横向混合的影响，该结果与反应性溶质运移过程尤其相关。

在天然含水层和固结岩石中，复杂的形状、结构和高渗透性区域的连通性均可能导致额外的混合增强机制[83,143,173]及复杂的孔隙尺度混合动力学[174,175]，本章未对此进行研究。然而，由本章得出的二维和三维混合增强之间的差异性表明，为了在现场尺度下正确描述混合增强，需考虑完整三维地质构造。

尽管本章使用的是简单的非均匀性几何构造，但已足够表明，系统维度和扩散强烈地影响着横向混合及其增强效果。这些物理过程是多孔介质中混合的基本机制，因此也将有助于对在更大现场尺度下的溶质羽的混合开展研究。此外，本章内容还表明，二维模拟通常采用弥散系数的简化参数化方程，在应用其结果于现场尺度时应谨慎。在多个随机透镜体随机分布的复杂环境中，混合增强将取决于渗流场的统计特性、源的几何特征、局部弥散系数、透镜体的连通性，以及地层的各向异性。

第 4 章

宏观各向异性多孔介质中的横向弥散及溶质混合

4.1 引言

多孔介质的非均质性和各向异性对溶质运移均具有显著影响，但在目前的研究中大多假设多孔介质为各向同性，尤其是针对于混合和反应过程的研究，鲜有关注各向异性多孔介质对水流和溶质运移的影响。各向异性多孔介质可引发具有复杂拓扑结构的流场，导致螺旋度密度不为零，并形成旋转流线[82,83,176]。现有模拟研究探讨了三维各向异性多孔介质中稳态流动的复杂性与溶质羽变形、拉伸和折叠[143,173]，以及其与最终的稀释和混合[17]之间的关联。

本章通过室内砂槽实验验证了多孔介质中存在螺旋流，利用不同截面上稳态羽的颜色示踪分布反映了旋转流线及其对溶质羽变形的作用，给出了非均质各向异性多孔介质中螺旋流的直观实验证明，同时探究了不同多孔介质粒径以及不同示踪剂注入位置对溶质羽稀释的影响；借助数值模拟探索了螺旋流对溶质混合的影响机理，并通过考虑单个或多个宏观各向异性结构及其几何形状和空间位置，系统地分析和评估了各向异性结构对保守性溶质稀释及反应性溶质混合的影响。在研究中采用拉升与折叠指数、(临界)稀释指数、有效扩散系数和反应羽长度作为衡量螺旋流及其混合增强效果的指标。

4.2 螺旋流及混合增强的实验验证

4.2.1 螺旋流及保守性溶质运移

4.2.1.1 实验与模型设置

三维流动系统实验装置见图 4-1。流动系统设置参考章节 2.1.1 中的描述。注意，此装置未留有自由端口，所有端口均连接至蠕动泵。三维砂槽内部填充三层多孔介质。第一层和第二层均包含两种粒径的多孔介质，即 0.4～0.6 mm 的细粒径和 1.5～2.0 mm 的粗粒径玻璃珠，上下层的填充条与轴向分别形成一定夹角，使其呈现双层交叉鱼骨结构。虽然每个填充条中多孔介质内部的水力传导系数是各向同性的，但从更大尺度上来看，该结构使得水流在上、下层及两层间的水力传导大小和方向均有所不同，表现出水力传导的非均质性和宏观各向异性。该结构是根据从冰川沉积环境及辫状河流沉积环境中已发现的倾斜交叉分层非均质地质单元结构人为简化后得到的理想结构。在填充每一层的实验过程中，使用金属框架来实现该构造，并在填充完成后将金属框架移除。第一层和第二层的填充高度均为3.08 cm。第三层为均匀填充的细粒径玻璃珠(0.4～0.6 mm)，其饱和高度为 1.54 cm，以此来保证第一层和第二层中的粗粒径玻璃珠也都处于饱和状态。经过测量，两种粒径玻璃珠的孔隙度均为 0.4。渗透系数根据经验公式和粒径尺寸计算得到[166]。在实验中保持实际平均流速为 3 m/d，使得最大粒径 Péclet 数为 2.25×10^3，最大粒径雷诺数(即 $Re=qd/\mu$，式中，q 为达西速度大小，m/s；μ 为运动黏度，m^2/s)为 1.08。此处的 Pe 和 Re 值均来自数值模拟。当流动达到稳态后，选择一个注射端口，注入浓度为 15 mg/L 的荧光素钠溶液。本节选择了 3 个不同的注射端口进行了 3 组实验。当运移达到 8 个孔隙体积后，认为运移达到稳态，并在出口 49 个端口处分别收集溶液。利用紫外分光光度计(Perkin Elmer LS-3B)测量每个样品的荧光素钠浓度，并通过称重特定采样时间内获取的溶液确定每个抽出端口的流量。

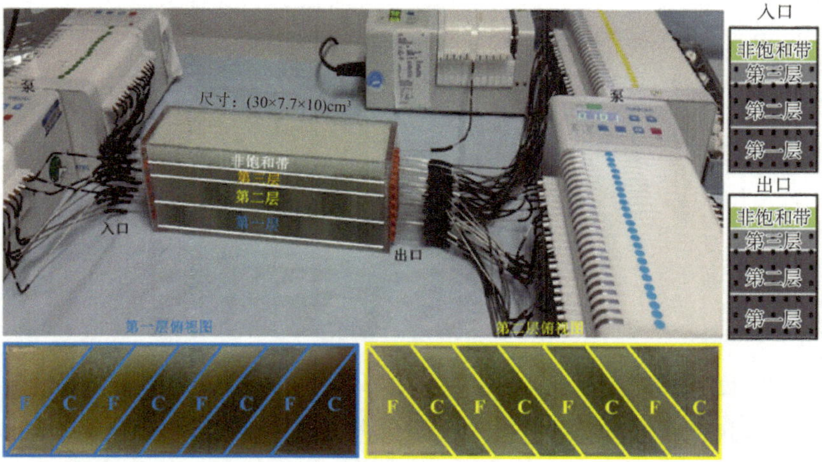

F：细粒玻璃珠；C：粗粒玻璃珠；▪：注水孔和抽水孔

图 4-1　实验装置图

流动和运移的数值模拟仍采用由 Cirpka 等[17]提出的数值代码，模拟结果用来解释实验观测现象。流动和运移控制方程和横向弥散系数参数化方程均可参考章节 3.2.3 中的描述。

4.2.1.2　出口溶质分布

图 4-2 展示了流动系统达到稳态后出口截面的浓度分布情况。3 个不同实验中的溶质注射端口由白底红边的叉号标示。图 4-2(a)～(c)所示浓度分布为实验结果，利用 Matlab 中的三次插值算法对出口截面上 49 个端口的浓度测量值进行插值得到。图 4-2(d)～(f)所示为数值模拟结果。从图 4-2 中可以看出，3 个实验的出口截面溶质羽位置、峰值浓度及溶质羽形状均显著不同。并且，三维设置中的复杂流场使得出口截面处溶质羽的位置明显偏离示踪剂注入位置。此外，出口截面上的峰值浓度取决于示踪剂的注入位置。从上述 3 组实验中可以看出，图 4-2(b)的峰值浓度最大，图 4-2(c)的峰值浓度最小。上述现象表明，流场对溶质运移、溶质羽表面变形和稀释均具有重要的控制作用。图 4-2(g)～(i)所示为实验在出口截面上的标准化浓度值与对

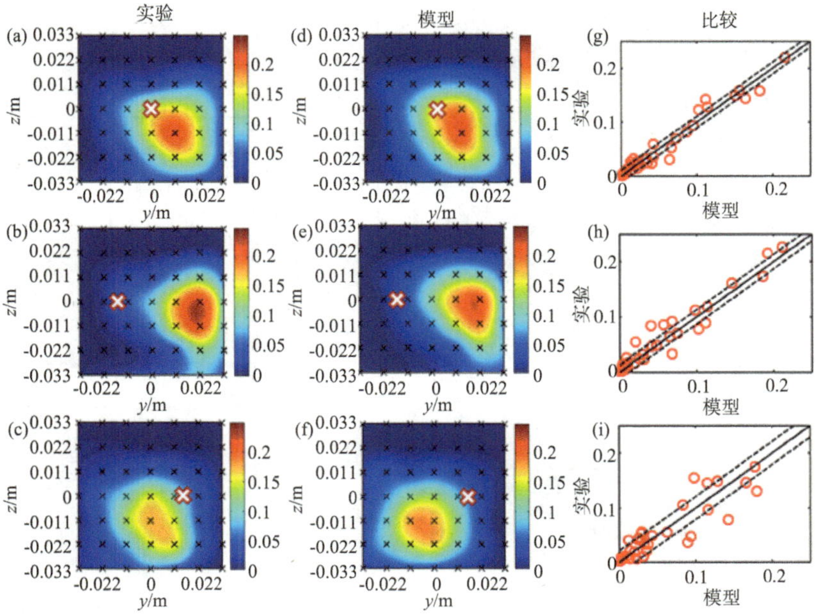

图 4-2　出口截面浓度分布的实验与数值模拟结果及其对比图

应数值模拟的对比，实验误差通过 χ^2 测试得到，其定义参考式(3-19)。如图 4-2(g)～(i)所示，数值模拟能正确捕捉实验装置中所发生的流动和溶质运移过程。其中，前两次实验结果与模拟结果吻合较好，而第三次实验与模拟的偏差相对较大。

4.2.1.3 螺旋流与溶质混合增强结果

通过数值模拟可以实现三维内部的可视化，由此达到解释实验结果的目的。因此，本节通过粒子追踪再现多孔介质内部流线，结果见图 4-3。图中的黑色流线清晰地表明了三维多孔介质中所呈现的复杂流场：始于入口截面的流线沿流动方向发生扭曲变形，使得出口截面上粒子的位置与入口截面相比有较大变化。该现象是砂槽内部宏观各向异性水力传导特性和无流边界相互作用的结果。图 4-3(a)～(c)中的彩色曲面为水头等值面，该曲面未垂直于流线，表明存在非零螺旋度密度。

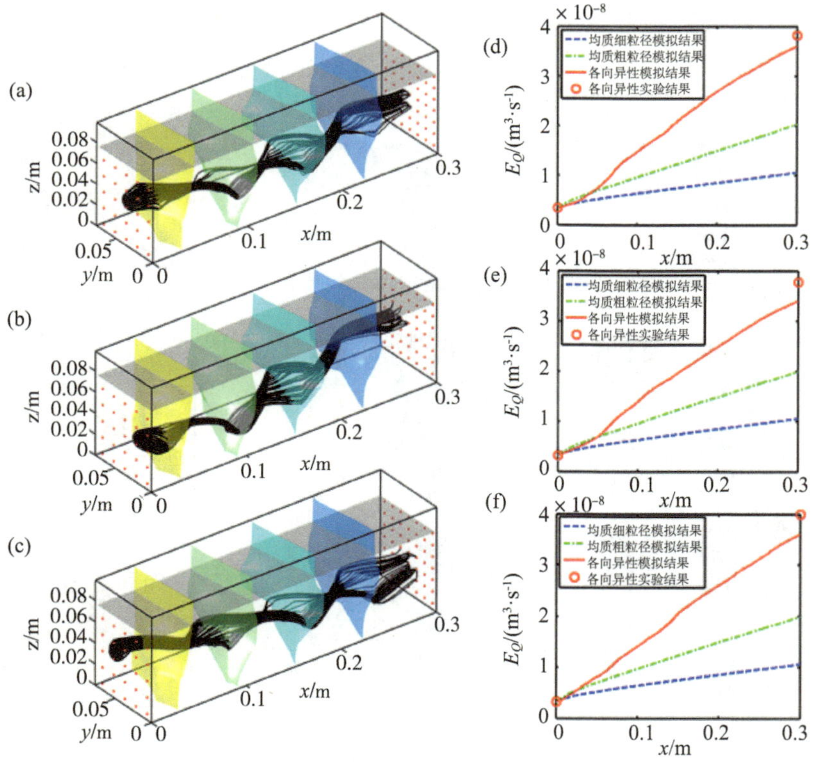

图 4-3　流线与通量相关的稀释指数图

三维砂槽内部发生的螺旋流使得溶质羽发生变形，导致扩散和横向弥散通量的增加，从而增加了两条流线之间的质量交换，最终大大提高溶质羽的稀释程度。溶质羽在不同截面上通量相关的稀释指数如图 4-3(d)～(f)所示。红色实线表示各向异性多孔介质中的数值模拟结果，红色圆圈表示入口和出口截面上的实验结果。通量相关的稀释指数沿着流动方向单调递增，表示溶质羽在空间中呈熵增变化，该现象是由横向弥散将溶质质量通量分布于更大的水通量所导致的。出口截面上的稀释指数相较于入口截面有显著的变化，3 组实验出口截面上的通量相关的稀释指数处于 3.5×10^{-8}～4.0×10^{-8} m^3/s 之间，相较于入口截面提升了 10 倍有余。

为了评估螺旋流对稀释增强的作用，同时模拟了均质多孔介质的情况。均质多孔介质分别采用了细粒径玻璃珠(图 4-3 中蓝色虚线)和粗粒径玻璃珠(图 4-3 中绿色虚线)两种情况。相比于均质多孔介质设置条件下的稀释指数及其增长速率，非均质各向异性多孔介质中的溶质羽稀释程度更高。与均质细粒径和粗粒径介质填充相比，各向异性填充设置条件下出口截面的稀释指数分别被提升了 235%和 75%，表明多孔介质中螺旋流对溶质运移和混合过程具有显著影响。

4.2.2　渗透系数及注入位置对溶质混合的影响

4.2.2.1　实验与模型设置

本节中使用的实验设置与章节 4.2.1.1 中所描述的情形类似。区别在于，除了使用粒径为 0.4～0.6 mm(用 FF 表示)和 1.5～2.0 mm(用 FC 表示)的玻璃珠外，同时采用粒径为 0.6～0.9 mm(用 CF 表示)和 2.4～2.9 mm(用 CC 表示)的玻璃珠来构造宏观各向异性多孔介质结构。前者被命名为第一系列实验，后者为第二系列实验。两个系列实验中所采用的粗、细玻璃珠平均粒径之比相同，比值均为 3.5。

所有实验中的实际平均流速均为 3 m/d。15 mg/L 的荧光素钠溶液仍为示踪剂，由中心注射端口注入，通过出口处的样品收集和浓度测量，对荧光素钠的溶质运移进行量化。同时，在实验中采用了胭脂红作为另一种示踪剂，用于可视化流动系统不同横截面处的浓度分布。胭脂红呈现红色，相较于荧光素钠所呈现的黄色，红色更易区别于玻璃珠的颜色。该可视化实验仅在由FF和FC玻璃珠组成的多孔介质中进行。为了可视化不同横截面处的示踪羽，将多孔介质放置于－20℃的环境中进行冰冻，并在距离入口 11 cm、15 cm、24 cm 和 29 cm 处切片，由此得到三维空间内部的颜色分布。

采用章节 3.2.3 中提出的模型模拟流动和运移。由于螺旋流的形成，因此自同一端口注入的 2 500 根流线在宏观各向异性多孔介质内部的发展轨迹各异，该现象如图 4-4 中不同 $y-z$ 截面上的流线分布所示。图 4-4(a)展示了复杂流场对中心对称注入溶质羽在截面上形状的影响。通过流线的格局变化可以说明，溶质羽发生了位移、拉伸和挤压，流线的分离甚至可以导致溶质羽的分裂。图 4-4(b)显示了在非中心端口注射溶质羽的情形，对应于示踪剂为胭脂红的室内实验。图 4-4 中不同截面流线形态的变化足以说明，在不考虑扩散或弥散传质过程的纯粹对流过程中，复杂螺旋流对溶质羽变形具有显著效应。

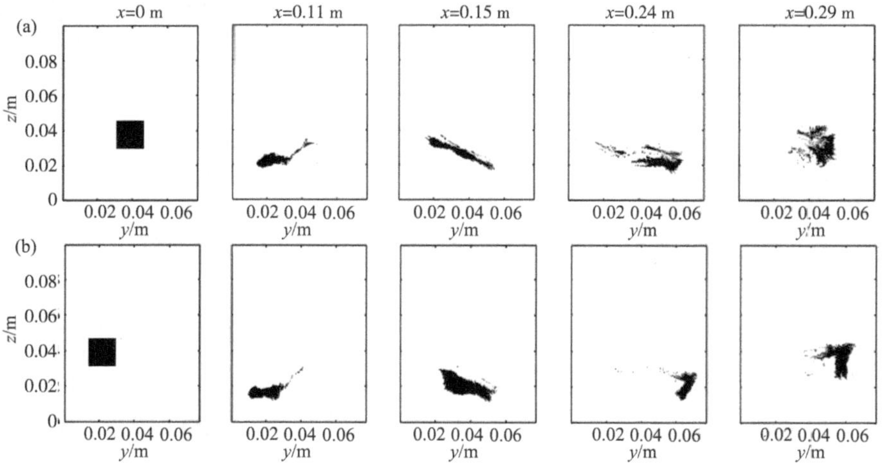

图 4-4　由中心和非中心注射端口注入的流线在不同截面上的形态图

4.2.2.2　量化参数

保守性示踪实验结果的评价指标采用了浓度分布的低阶空间矩和通量相关的稀释指数。二阶中心矩有助于刻画溶质羽的扩展，其定义见公式(3-11)～公式(3-16)；通量相关的稀释指数可以有效量化溶质羽的稀释，其定义见公式

(1-9)和公式(1-10)。

螺旋流对反应性溶质运移的影响研究采用数值模拟方法。在模型中,考虑与实验相同的流动区域以及简单的由混合控制的瞬时双分子反应:$A+B \rightarrow C$。其中,A 物质是从一个注射端口中注入的溶质羽,B 物质是由其他注射端口注入的反应物。假设两种反应物在水中的扩散系数相同,则可以采用一个虚拟的保守性化合物 X(称为混合比)来模拟反应性运移问题[148,177]。混合比被定义为注入溶液在混合物中的体积分数,根据 Cirpka 和 Valocchi[177] 所描述的流程,可用来计算瞬时双分子反应中反应物和生成物的浓度。在本节的设置中,反应物 A 的注射端口处 X 为 1,其他注射端口处的 X 为 0。临界混合比的计算公式为

$$X_{crit} = \frac{c_B^{in}}{c_B^{in} + c_A^{in}} \tag{4-1}$$

式中,c_B^{in} 是 B 物质在注射端口处的浓度,mol/m³;c_A^{in} 是 A 物质在注射端口处的浓度,mol/m³。在 $X=X_{crit}$ 所在位置处,两种反应物的浓度均为零。

在均匀的三维横向无边界流场中,若连续注入源为矩形,则混合比满足保守性溶质运移的解析解[136]:

$$\begin{aligned} X(x,y,z) = \frac{1}{4}&\left\{\mathrm{erf}\left[\frac{y+Y/2}{2\,(D_t x/u)^{1/2}}\right] - \mathrm{erf}\left[\frac{y-Y/2}{2\,(D_t x/u)^{1/2}}\right]\right\}\cdot \\ &\left\{\mathrm{erf}\left[\frac{z+Z/2}{2\,(D_t x/u)^{1/2}}\right] - \mathrm{erf}\left[\frac{z-Z/2}{2\,(D_t x/u)^{1/2}}\right]\right\} \end{aligned} \tag{4-2}$$

式中,erf(·)为误差函数;Y 和 Z 为源的宽度和高度,两者在本研究中均为 1.54 cm。在溶质羽的末端,A 物质因反应被完全消耗,整个 $y-z$ 截面满足 $X \leqslant X_{crit}$,该截面与入口之间的距离被定义为反应羽长度 L,m。反应羽长度是用于量化混合对反应性溶质运移影响的一个有效指标。对于三维均质各向同性区域,反应羽 A 的长度可按照附录 B 中的过程推导得到:

$$L = \frac{uY^2}{16D_t\left[\mathrm{erf}^{-1}\left(\sqrt{X_{crit}}\right)\right]^2} \tag{4-3}$$

式中,erf^{-1}(·)为反误差函数。非均质各向异性多孔介质中螺旋流的浓度分布不存在解析解。然而,对于该区域中的溶质运移,可以定义一个有效弥散

系数($D_{t,eff}$),使得均质各向同性等效系统中的入口质量通量和溶质羽长度与非均匀各向异性设置中的相同。事实上,$D_{t,eff}$是反应性运移中用于衡量混合增强的一个有效指标,其计算公式为

$$D_{t,eff} = \frac{uY^2}{16L\left[\mathrm{erf}^{-1}(\sqrt{X_{crit}})\right]^2} \tag{4-4}$$

由于多孔介质的非均质性和各向异性对混合具有影响,因此 $D_{t,eff}$ 大于局部横向弥散系数。

临界稀释指数(*CDI*)也可作为反应性运移的衡量指标,曾被用于分析二维多孔介质中由混合控制的反应[114]。临界稀释指数可定量反应羽在瞬间完全双分子反应中完成降解所需的混合量,其值可通过计算距离入口为 L 的截面上保守性溶质羽通量相关的稀释指数得到。值得注意的是,此处的保守性和反应性溶质运移考虑相同的流场和相同的质量通量。对于三维溶质运移,临界稀释指数及其一阶近似解的详细描述见附录 C,解析表达式为

$$CDI = E_Q(L) = \frac{E_Q(0)}{X_{crit}}\exp(1) \tag{4-5}$$

4.2.2.3 保守性溶质运移结果

图 4-5 所示为三维稳态溶质羽冰冻切片后,横截面上胭脂红的浓度分布。切片和冰冻的操作过程及扩散过程对彩色溶质羽造成了一些干扰,因此,只能对胭脂红溶质羽的结果做定性分析。图 4-5(a)为不同 $y-z$ 截面的照片,显示了示踪剂的位置和空间分布。为了进行直观比较,图 4-5(a)同时展示了示踪剂模拟浓度的等势线。数值模拟浓度的分布如图 4-5(b)所示。模拟的浓度值为相对于源浓度的标准化浓度。模拟浓度与实验定性结果吻合,表明该模型能预测非均质各向异性多孔介质中流动和运移的主要特征,并能再现在实验中观测到的溶质羽位置、形状和浓度分布。实验和模拟结果均表明了局部横向弥散的重要性。与图 4-4(b)所示的纯对流羽的变形相比,横向弥散作用下的浓度分布要平滑得多,所呈现的细尺度特征较少。实验中的流场导致溶质羽的位置偏离示踪剂注射点(红色十字),并造成了溶质羽表面的变形。由横向水动力弥散引起的质量交换减弱了急剧变化的浓度梯度,

对浓度分布具有显著影响。

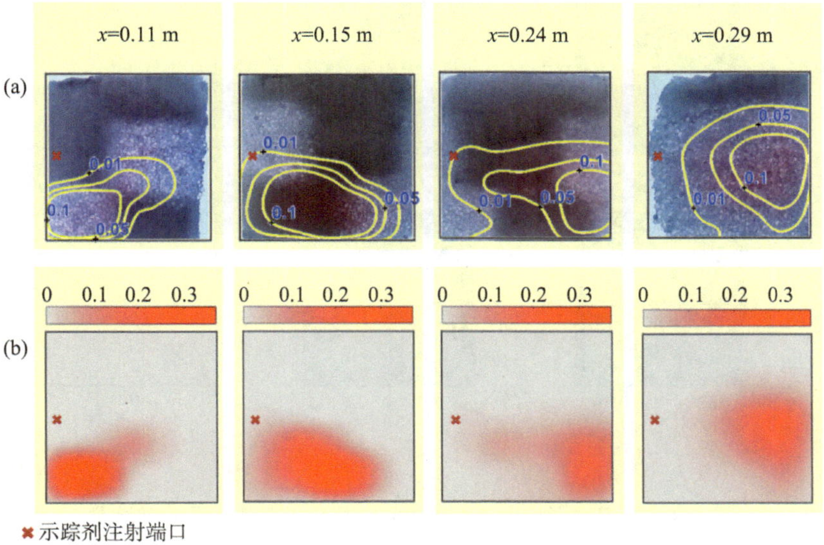

图 4-5　不同横截面上的溶质羽分布照片及模拟结果

在实验中采用胭脂红作为染料示踪剂，旨在观察三维流动装置内部稳态溶质羽的复杂分布和变形。为了定量评价流场对保守性溶质混合的影响，将荧光素钠作为示踪剂，分别进行第一系列和第二系列的室内实验。将从 49 个出口端口处测得的荧光素钠浓度标准化后，利用 MATLAB 自带的二维单调性三次插值法进行插值，从而为定量评价流动系统中溶质羽的横向扩展和稀释提供依据。图 4-6 展示了第一系列和第二系列的实验和数值模拟结果。以上实验的示踪剂注射端口为入口处的中心端口(如图 4-6 中的红叉所示)。

图 4-6(a)和图 4-6(b)为通过第一系列实验和模拟得到的出口处浓度分布，图 4-6(d)和图 4-6(e)为第二系列的结果。在以上两种设置中，示踪剂的位置、空间分布和峰值浓度的测量结果与模拟结果吻合良好。通过两个实验的对比可以发现，第一系列实验的出口处溶质羽峰值浓度较大，表明细粒径介质的横向混合程度较粗粒径介质更小，颗粒尺寸的绝对值影响溶质羽的稀释程度。然而，两个系列中的溶质羽位置和形状是相似的，表明当构成各向异性的两种颗粒粒径比值及升尺度后水力传导各向异性比值相同时，流场结构及稳态羽的形状保持不变。图 4-6(c)和图 4-6(f)对比了两种设置条件下

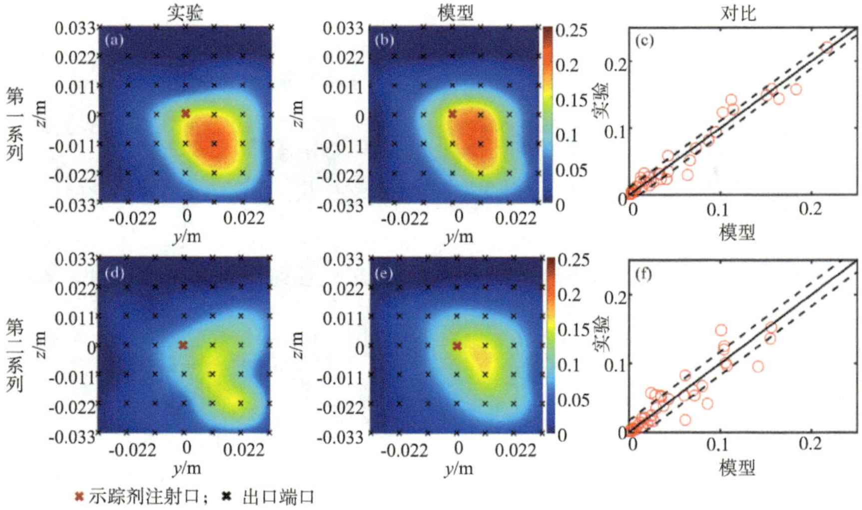

图 4-6　出口截面浓度分布的实验和数值模拟结果及其对比图

实验与模型之间的结果，图中虚线所示为通过 χ^2 测试(参考公式(3-19))估算的实验误差。第一系列的实验误差小于第二系列，这可能与两种设置中倾斜条构造的不同准确性有关。在实际中可以观察到，颗粒 CF 侵入颗粒 CC 的程度高于颗粒 FF 侵入颗粒 FC 的程度，因此，在第二系列实验设置中形成的不规则倾斜条边界更明显。此外，第一系列设置中每个倾斜条所包含的颗粒数量大于第二系列，由此导致第二系列实验装置更大程度地偏离了数值模型中的理想化方式，即"不同渗透系数倾斜条之间的界面是清晰的"这一假设。

对于图 4-6 所示的两种情况(表示为 F3-3 和 C3-3)，以及采用相同各向异性设置、相邻示踪剂注射口(表示为 F3-2 和 C3-2)的类似实验，计算了量化溶质羽扩展和稀释的指标，即二阶中心矩和通量相关的稀释指数。图 4-7 显示了在 4 个不同的设置中，利用出口处浓度测量值计算得到的二阶中心矩实验和数值结果。在两个系列中，改变示踪剂注射端口将造成溶质羽扩展的差异，这是注入的溶质沿不同的流线运移所造成的结果。侧向和垂向的二阶中心矩均表明粗粒径多孔介质中的扩展较细粒径介质大。图 4-7 所示的实验与模型结果之间的微小差异证明了数值模拟对于预测实验结果的可靠性。

图 4-8 展示了在 4 个不同的设置条件下出口截面的稀释程度。类似于溶质扩展结果，溶质羽的稀释程度在由粗粒径填充的非均质各向异性介质中更

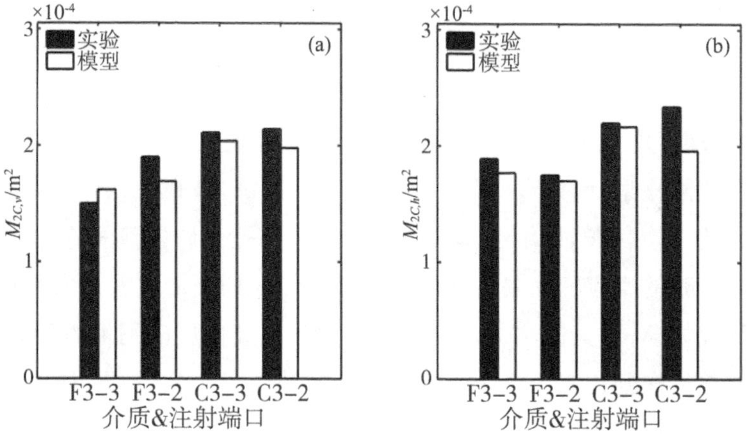

图 4-7　不同示踪剂注射端口及不同粒径填充介质装置中出口截面处垂向(a)和侧向(b)二阶中心矩

大。该发现与图 4-6 所示的峰值浓度观测结果相对应。另外，实验结果与模型结果吻合较好，再次证明了数值模拟能够准确捕捉控制稀释过程的流动和运移机制。

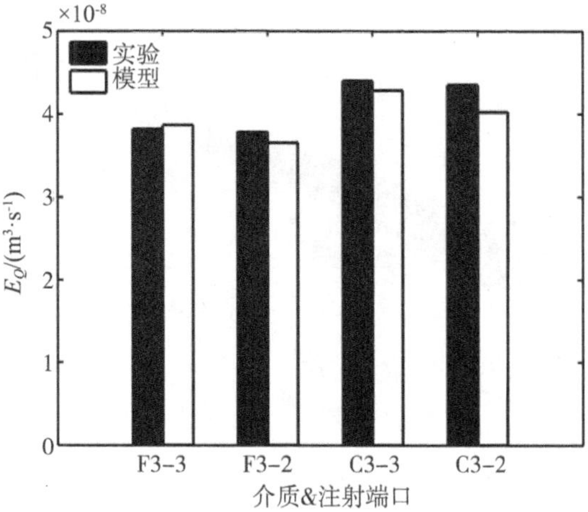

图 4-8　不同示踪剂注射端口及不同粒径填充介质装置中出口截面处通量相关的稀释指数

4.2.2.4 反应性溶质运移结果

对应于保守性溶质运移结果，反应性溶质运移模拟了同样的 4 种设置。对于每个设置，选取了 3 个不同的临界混合比，比值为 0.8、0.5 和 0.25，它们代表了在相同化学计量下的瞬时反应中反应物 A 和 B 在入口处的浓度比。图 4-9 作为一个例子，展示了非均质各向异性多孔介质（FF 和 FC）中临界混合比为 0.5 时的反应羽发展情况（以红色表示）。如图 4-9 所示，从中心注射口注入反应物 A，从其他注射口注入反应物 B。红色反应羽沿着流动距离弯曲、旋转，并且在到达流动系统一半距离前就消失了。相反，图 4-9 中显示的蓝色反应羽保持笔直，在系统的出口处仍未消失。该蓝色反应羽表示均匀多孔介质中相同的反应性运移。此处采用的均匀多孔介质渗透系数为 10^{-2} m/s，对应于粒径为 1 mm 的多孔介质材料。由此可见，尽管两种多孔介质中反应物的注入质量通量相同，但反应羽的形状和长度完全不同。

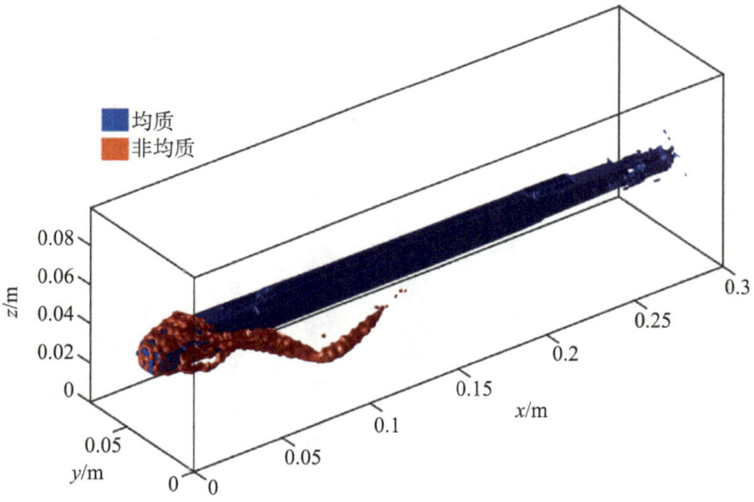

图 4-9 非均质各向异性和均质多孔介质中的反应羽

表 4-1 总结了非均质各向异性介质和均质介质中 4 种设置条件下的反应性混合指标值。在所有设置中，由不同临界混合比所导致的反应羽长度差异显著。当临界混合比较小，即入口处反应物 A 的浓度较高时，稳态反应羽较长。对于任意给定的临界混合比，粗粒径多孔介质（C3-3 和 C3-2）中的反应

羽长度相对较短，该结论与保守性溶质羽的稀释结果相对应(图 4-8)。通过比较非均匀介质与均匀介质中反应羽的长度，可以发现它们具有显著的差异。在本节所考虑的 X_{crit} 范围内，非均质各向异性介质中的反应羽长度在 5.9～29.7 cm 之间。均质介质中反应羽的长度根据式(4-3)解析计算得到。在所有设置中，非均质各向异性介质中的反应羽长度不及均质情况下反应羽长度的一半。如果将结果表示为相对差，当临界混合比的比值分别为 0.8、0.5 和 0.25 时，均质设置中的反应羽长度比非均质设置中的反应羽长度平均增加了 1.25 倍、2.11 倍和 2.41 倍。该现象清楚地表明了螺旋流在非均质各向异性多孔介质中产生了强烈的混合增强效应。含有旋转流线的复杂流场引起了溶质羽表面的显著变形，增大了交界面面积，促进了横向质量交换，从而提高了整体降解速率。

表 4-1　不同临界混合比和非均质各向异性设置中的反应性混合指标值

设置	F3-3			F3-2			C3-3			C3-2		
X_{crit}	0.8	0.5	0.25	0.8	0.5	0.25	0.8	0.5	0.25	0.8	0.5	0.25
$D_{t,eff} \times 10^{-8}/(m^2 \cdot s^{-1})$	0.54	0.73	0.87	0.61	0.78	0.78	0.62	0.91	1.13	0.64	0.93	0.89
L/cm	7.3	12.9	26.5	6.5	12.1	29.7	6.1	9.9	19.3	5.9	9.7	24.5
L_{hom}/cm	14.5	34.4	83.7	14.5	34.4	83.7	14.4	34.0	82.7	14.4	34.0	82.7
$CDI \times 10^{7}/(m^3 \cdot s^{-1})$	0.11	0.18	0.33	0.09	0.17	0.34	0.10	0.17	0.31	0.09	0.15	0.34
$CDI_{theor} \times 10^{7}/(m^3 \cdot s^{-1})$	0.11	0.18	0.36	0.11	0.18	0.36	0.11	0.17	0.35	0.11	0.17	0.35

根据式(4-4)计算得出的非均质各向异性多孔介质中的有效弥散系数值总是大于局部弥散系数。例如，在流速为 3 m/d 的条件下，当 X_{crit} 为 0.5 时，粒径为 FF、FC、CF 和 CC 的局部 D_t 值分别为 $0.16\times10^{-8}\ m^2/s$，$0.41\times10^{-8}\ m^2/s$、$0.22\times10^{-8}\ m^2/s$ 和 $0.54\times10^{-8}\ m^2/s$，相较于表 4-1 中的 $D_{t,eff}$ 值均更小。类似于反应羽长度，$D_{t,eff}$ 的结果同样表明，在粒径较粗的非均质介质(C3-3 和 C3-2)中，反应增强效果更好。

CDI 值通过数值模拟计算得到，其一阶近似(CDI_{theor})则可以通过计算式

(4-5)得到，两者的相对差在临界混合比为 0.8、0.5 和 0.25 时分别为 12%、5% 和 7%，说明式(4-5)可以较好地估算临界稀释指数。由表 4-1 中所罗列的 CDI 和 CDI_{theor} 值可见，对于每种设置，临界稀释指数随混合比的减小而增大，其表现与反应习长度具有相同的趋势；然而，对于任意给定的临界混合比，4 种设置下的 CDI 值非常接近，表明反应羽完全降解所需要的混合量是一定的，与多孔介质的各向异性和非均质性无关。

4.3 宏观各向异性结构对溶质混合的影响

4.3.1 模型设置

本节采用数值模拟来探索宏观各向异性结构设置对溶质混合的影响。模型中多孔介质流动区域的长、宽、高分别为 1.5 m、0.35 m 和 0.35 m，该区域大小代表了一个全三维的中尺度实验设置。流动区域被划分为 183 750 个网格，每个方向的网格尺寸均为 0.01 m。流动系统设置为承压含水层。流动和溶质运移数值模拟仍采用由 Cirpka 等[17]提出的数值方法，具体描述见章节 3.2.3。在流动区域的入口和出口截面上选取等间距的 49 个网格注射和抽取溶液，并将其设置为定流量边界；系统的其他边界均为无流边界。同时，在入口中心网格连续注射保守性示踪剂或反应物 A，在入口其他 48 个网格注射纯水或反应物 B，将其设置为恒定的质量通量边界条件。

多孔介质设置如图 4-10 所示，在均匀基质中插入宏观非均质各向异性结构，其中，基质的渗透系数为 2.5×10^{-3} m/s。各向异性结构的长度为 0.90 m，宽和高均为 0.12 m。该结构由两层粗、细多孔介质交错排列的倾斜条组成(见图 4-10(b))。为了实现宏观各向异性，两层之间的倾斜条方向相反。图 4-10(c)显示了各向异性结构下层的二维视图：α 表示倾斜条与平均流动方向之间的夹角，(°)；s 表示相邻切片的间距，m。各向异性结构中细粒径介质的渗透系数与基质相同，如图 4-10(b)和 4-10(c)中的蓝色区域所示；粗粒径介质的渗透系数相对更大，为 3.06×10^{-2} m/s 或 3.03×10^{-1} m/s，如图中的黄色区域所示。由此，粗、细粒径多孔介质的渗透系数比(k_{contr})为 12.5 或 121。粒径大小可以根据 Hazen 提出的经验公式，即 $K=(Cd)^2$(式中，$C=100\ \text{m}^{-0.5}\text{s}^{-0.5}$)，利用已知的渗透系数值计算得到。粗、细多孔介质的孔隙度均为 0.4。

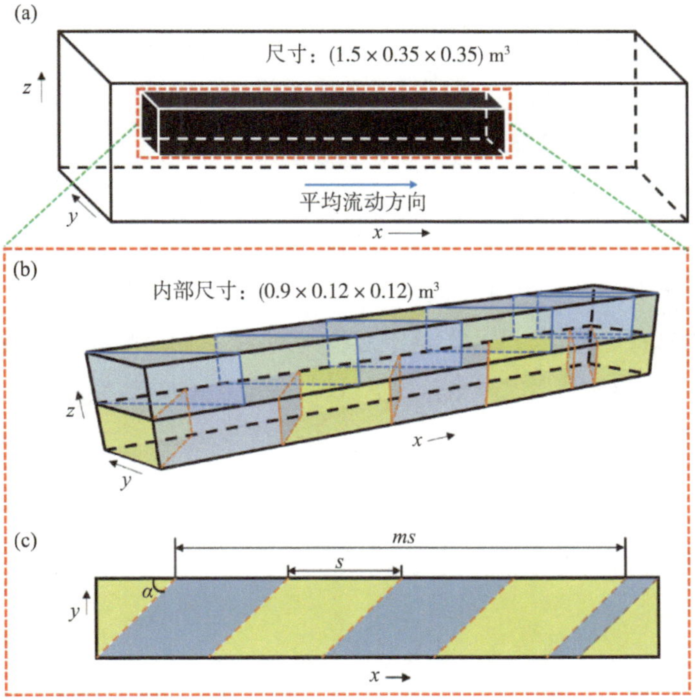

图 4-10　三维设置及其内部各向异性结构图

保持高、低渗透性材料的体积不变，通过改变 α、s 和 k_{contr} 得到不同的各向异性结构。各向异性结构的中心与中心注射口处于同一直线上，其在 x 方向上的初始位置为 0.20 m。表 4-2 列出了本研究所采用的 50 种非均质各向异性结构的 α、s 和 k_{contr} 参数值。当 α 等于 0°或 90°时，非均质结构在宏观上转变为各向同性。

表 4-2　各向异性结构设计参数值

参数	值
α/(°)	0，11.25，22.5，45，90
s/m	0.03，0.05，0.10，0.15，0.25
k_{contr}	12.25，121

模拟中的实际平均流速分别设置为 3 m/d 和 0.3 m/d，因此，本节共考虑

了 100 种不同工况。在保守性溶质运移模拟中，主要采用荧光素钠的水动力扩散系数（$D_{aq}=0.48\times10^{-9}\ \mathrm{m^2/s}$）。同时，为了研究螺旋流场中的化合物特征性弥散效应，在部分设置中，额外考虑另一种溶质，其具有与氧气相同的扩散系数（$D_{aq}=1.97\times10^{-9}\ \mathrm{m^2/s}$）。反应性运移的模拟同样采用了荧光素钠和氧的水动力扩散系数值，以评定其化合物特征性行为。

在反应性溶质运移模拟中，采用的反应为简单的瞬时双分子反应，即 A+B→C，从而使得反应完全由混合过程所控制。反应物 A 代表连续释放的污染物，反应物 B 代表周围水体中的反应物。假设两个反应物之间的扩散性质相同，采用虚拟保守性化合物 X（混合比）来解决反应性运移问题。混合比的详细定义参考章节 4.2.2.2。反应物 A、B 与生成物 C 的浓度可由保守性混合比分布计算得到，其公式为

$$c_A=\begin{cases}Xc_A^{in}-(1-X)c_B^{in}, & X\geqslant X_{crit}\\0, & X<X_{crit}\end{cases}\tag{4-6}$$

$$c_B=\begin{cases}0, & X\geqslant X_c\\(1-X)c_B^{in}-Xc_A^{in}, & X<X_c\end{cases}\tag{4-7}$$

$$c_C=\begin{cases}(1-X)c_B^{in}, & X\geqslant X_{crit}\\Xc_A^{in}, & X<X_{crit}\end{cases}\tag{4-8}$$

4.3.2 宏观各向异性结构对保守性溶质运移的影响

通过粒子的追踪模拟，可以发现不同的各向异性结构会引起不同形态的流线扭曲。并且，保守性溶质运移模拟结果显示，溶质羽峰值浓度沿平均流动方向降低，熵值增加。图 4-11 展示了当 α 为 22.5°、s 为 0.10 m、k_{contr} 为 12.25、u 为 3 m/d 时的流动和溶质运移结果。49 条流线（如图 4-11(a) 中黑色线条所示）从中心注射端口笔直地延伸至各向异性结构，结构中高渗透性介质的存在使得流线在透镜体中聚集并发生扭转。由宏观各向异性结构所引发的复杂三维流动对溶质运移具有显著影响。从不同 y-z 截面的二维浓度分布图（图 4-11(b)）中可以看出，溶质羽发生了明显的变形、拉伸和挤压。同时，扭曲的流线也导致了溶质羽的分裂（如 $x=0.65$ m 处的截面所示），每

个部分都有其自己的峰值浓度。螺旋流导致溶质羽表面发生变形后，有利于溶质羽与周围水体之间的接触和发生扩散、弥散等质量交换，显著提升溶质稀释程度。稀释程度的提升可通过通量相关的稀释指数来量化。图 4-11(c)中稀释指数增长更快的部分即为宏观各向异性结构所在位置。

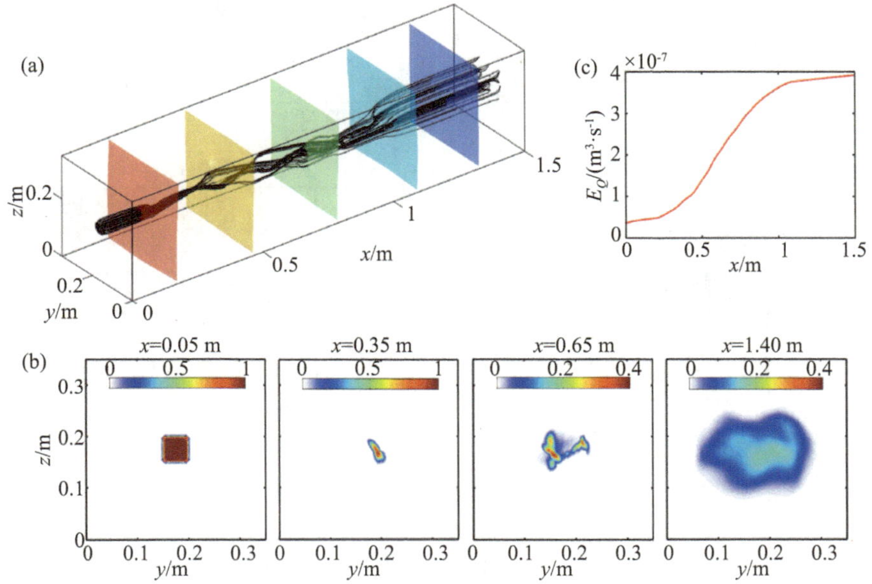

图 4-11　当 α 为 22.5°、s 为 0.10 m、k_{contr} 为 12.25、u 为 3 m/d 时非均质各向异性设置中的流动和溶质运移

图 4-12 展示了所有 100 种保守性溶质运移情况下的羽流稀释程度，其结果以 4 个矩阵的形式排列，行、列分别对应两个实际平均流速和两个渗透系数比值。每个矩阵中的倾斜条角度和它们之间的距离发生着系统性的改变。各向异性结构的差异较大程度地影响了保守性溶质羽的稀释，导致出口处通量相关的稀释指数在不同设置中各不相同。对于倾斜条呈 90°或 0°的设置，流线并未发生扭曲，溶质表面没有显著的变形，因此，其稀释程度小于其他各向异性设置。图 4-12 所示的结果表明，在特定的实际平均流速和渗透系数比条件下，存在一个最优各向异性结构，可以最大限度地提高稀释程度。例如，当渗透系数比值为 12.25 时，在 α 为 22.5°、s 为 0.10 m 的装置中的稀释程度最高；而当渗透系数比值为 121 时，在 α 为 22.5°、s 为 0.05 m 的装置中

的稀释程度达到最高。

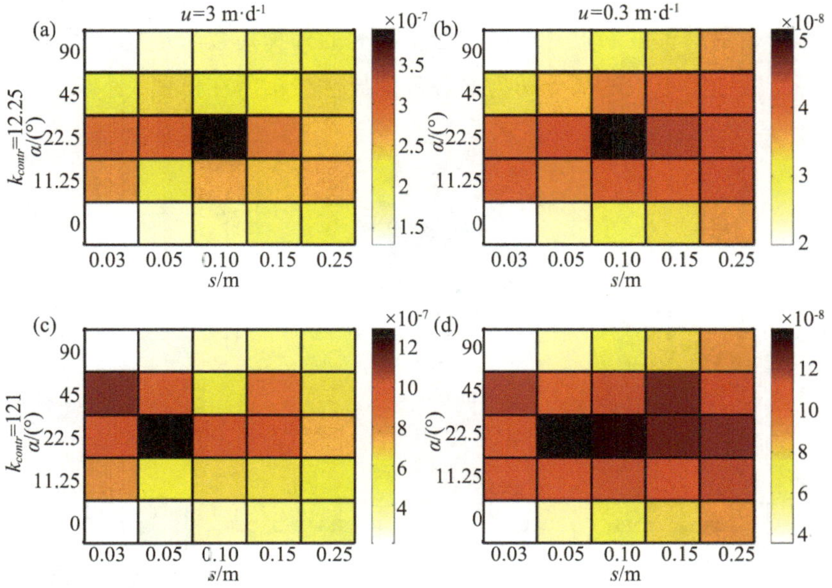

图 4-12　不同非均质各向异性设置中出口处通量相关的稀释指数

实际平均流速大小和渗透系数比值均能影响溶质羽的稀释。如图 4-12 所示，在特定渗透系数比值下，当流速为 3 m/d 时的稀释程度比流速为 0.3 m/d 时的更大，这是因为控制溶质羽稀释的横向弥散系数依赖于流速变化。同样，在流速一定的情况下，渗透系数比值越大，溶质羽与周围溶液的扩散、弥散等质量交换越强，稀释程度越大。

为了说明保守性溶质羽的熵沿流动距离所发生的变化过程，选定实际平均流速为 3 m/d、k_{contr} 为 12.25 的特定工况进行深入分析。所选工况对应图 4-12(a)中的第三行(α=22.5°)和第三列(s=0.10 m)，其中包含了稀释程度最大的工况。图 4-13 展示了所选工况的通量相关的稀释指数及其沿 x 方向的增长率。各向异性结构的几何形状(即倾斜条夹角和间距)强烈影响着溶质羽的熵增过程。如图 4-13(a)所示，当倾斜条夹角为 22.5°时，通量相关的稀释指数值比夹角为 90°时的增加了一倍以上。同时，E_Q 自然对数的增长率(图 4-13(c)和 4-13(d))也表明，不同各向异性设置中的螺旋流导致了复杂的混合动力学。起初，均质基质中的 $\mathrm{d}\ln E_Q/\mathrm{d}x$ 因入口端口处的流动离散而减小，并逐渐趋于平稳；当溶质羽到达各向异性结构时，稀释明显增加。稀释增强峰与非均质各向异性结构的几何形状和流线的螺旋形态有关。例如，在不同夹角的工况中(图 4-13(c))，溶质羽的聚集和扭曲引发了更加明显的峰值，从而导致更加显著的稀释增强。这些峰值所处的位置被视为混合热点区，其数量不仅与各向异性结构中所发生的聚集和扭曲相关，而且依赖于细、粗粒径倾斜条之间的间距(图 4-13(d))。稀释指数的增长率在整个区域都是正值，这是由于保守性溶质运移在熵平衡公式(1-11)中对应源项，汇项则为 0。在各向异性结构中，E_Q增长率的总体趋势是逐渐降低的，这是由于随着溶质羽在各向异性结构中的稀释，浓度梯度逐渐衰减，从而导致稀释增长效率逐渐降低。

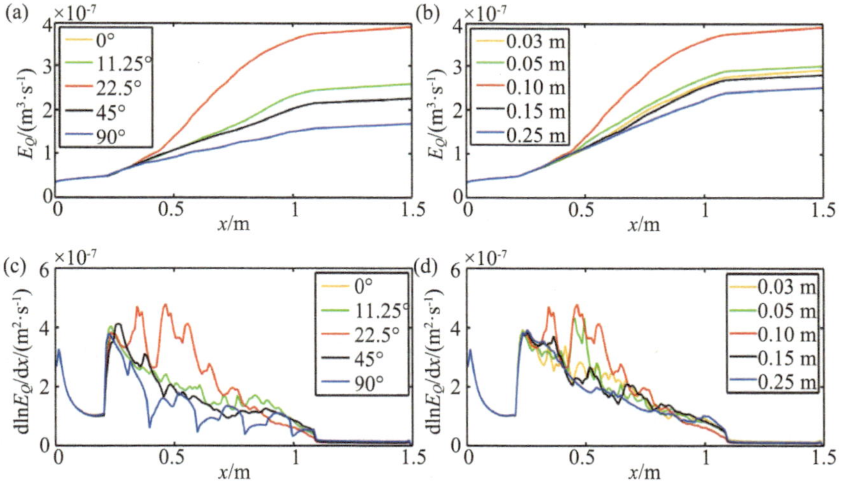

图 4-13　保守性溶质通量相关的稀释指数及其增长率沿 x 方向的变化情况

图 4-14(a)和图 4-14(b)分别显示了当实际平均流速为 3 m/d、渗透系数比为 12.25 和 121 时，装置出口处的稀释情况。彩色柱子代表在各向异性设置中获得的最小、平均和最大稀释量，黑色柱子代表在相应的均质各向同性系统中获得的稀释量。在渗透系数比为 12.25 和 121 的设置下，非均质各向异性条件下的 E_Q平均值(绿色柱子)比均质条件(黑色柱子)下的分别大 225%和 930%，E_Q的最大相对差(即红色和黑色柱子之间的相对差值)分别为 388%和 1516%，E_Q的最小相对差(即蓝色和黑色柱子之间的相对差值)仍可分别达到 172%和 662%，证实了各向异性结构对于溶质稀释具有显著的增强效应。

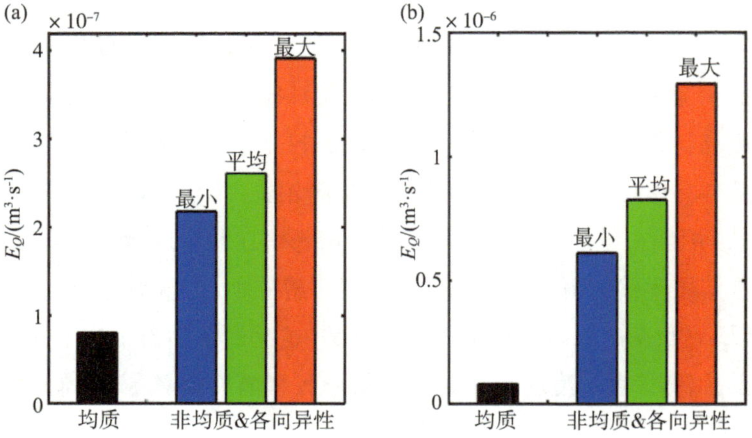

图 4-14　流速为 3 m/d 时出口处通量相关的稀释指数值：
(a) $k_{contr}=12.25$；(b) $k_{contr}=121$

为了探索螺旋流中的化合物特征性效应，在多元示踪保守性溶质运移模拟中附加考虑了溶解氧作为示踪剂的情况。采用图 4-12 所示的达到最小和最大稀释值的工况模拟多元示踪运移。图 4-15 展示了荧光素钠和氧气两种保守性溶质的通量相关的稀释指数及其自然对数增长率沿 x 方向的变化情况。与在各向同性多孔介质中发生的现象相同，氧气比荧光素钠更易被稀

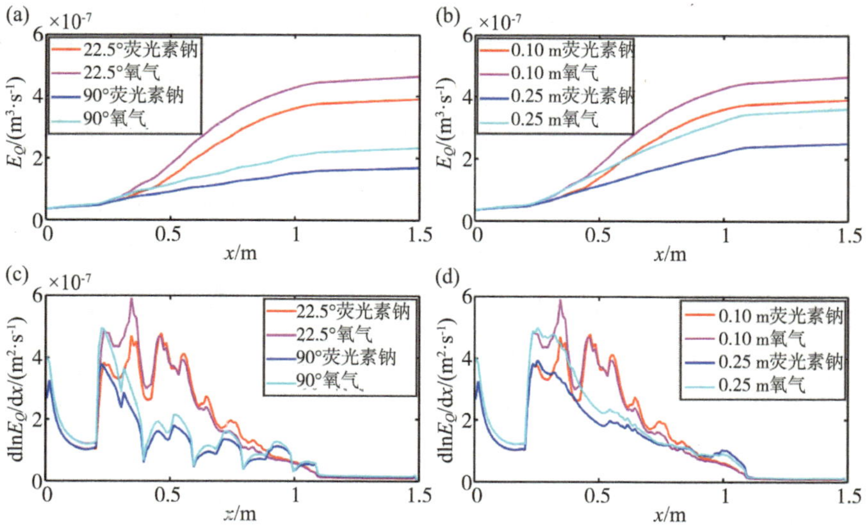

图 4-15　荧光素钠和氧气的通量相关的稀释指数及其增长率沿 x 方向的变化情况

释。此外，在特定的各向异性设置中，不同溶质的熵增方式相似（见图 4-15(c)和 4-15(d)）。两种溶质稀释程度的差异主要取决于 $\mathrm{dln}E_Q/\mathrm{d}x$ 值，特别是在非均质各向异性结构的开端，溶质羽发生聚集和扭曲，化合物特征性扩散将控制横向质量交换过程。

4.3.3　宏观各向异性结构对反应性溶质运移的影响

反应性溶质运移的工况设置与保守性溶质运移相同。图 4-16 展示了一个由混合控制的反应性溶质运移例子，图中所示的溶质羽为非均质各向异性多孔介质中的反应物 A 和产物 C。该模拟中采用的临界混合比为 0.05，即注射溶液中反应物 A 的无量纲初始浓度为 19，反应物 B 的无量纲初始浓度为 1。当 $x<0.2$ m 时，反应物 A 的被消耗量微小；当反应羽到达各向异性结构

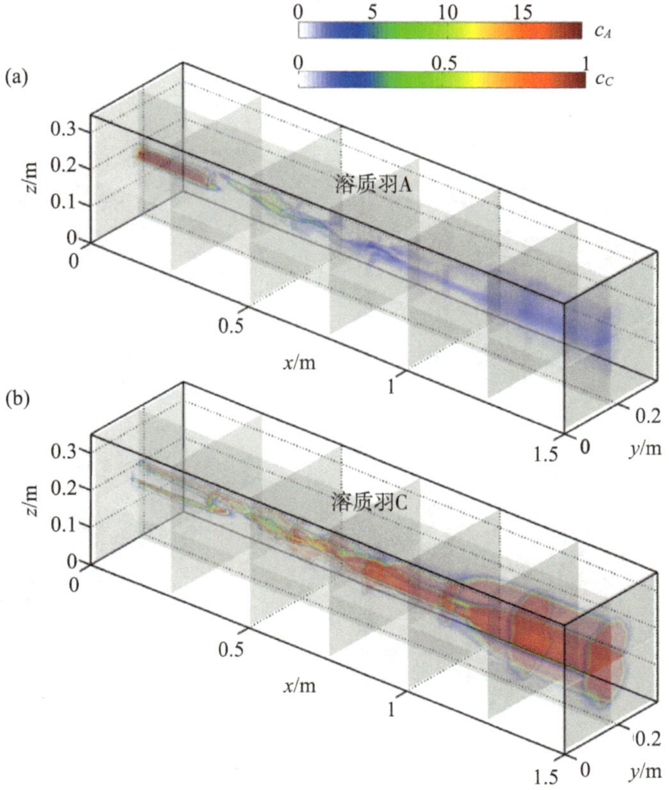

图 4-16　非均质各向异性多孔介质中的反应羽

后，反应物 A 的浓度急剧下降，并且反应羽 A 和 C 的表面因扭曲的流动形态而发生变形；而当 $x>1.1$ m 时，即在各向异性结构之后，基质中的流动再次变得均匀，反应羽的形状也变得更加规则(见图 4-16(a)和 4-16(b)中最后两个 y-z 截面)。

对于由混合控制的反应性运移，同样模拟了 100 种工况。其中，反应物 A 和反应物 B 的无量纲入口初始浓度分别设置为 0.3 和 1，扩散系数均采用荧光素钠的水动力扩散系数，该设置对应的临界混合比为 0.77，并且满足稳态反应羽 A 在三维设置内被消耗完。根据保守性溶质在反应羽末端的通量相关的稀释指数，可以计算得到临界稀释指数，如图 4-17 所示。临界稀释指数值在所有工况中均非常接近，相对误差仅为 4%，表明在各向异性系统的复杂三维流场中，临界稀释指数值并不显著依赖于系统的非均质性和各向异性。将数值模拟结果与临界稀释指数理论值(CDI_{theor})进行对比，发现两者的平均相对误差为 10%，CDI_{theor}(如图 4-17 中的灰色平面所示)略微高估了反应羽

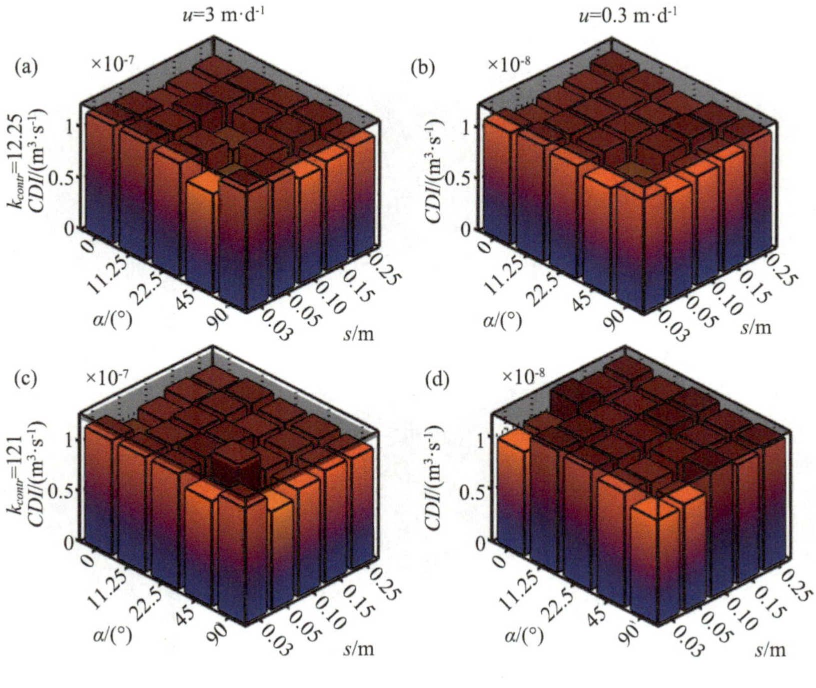

图 4-17　不同非均质各向异性设置中的临界稀释指数值：(a) $u=3$ m/d，$k_{contr}=12.25$；(b) $u=0.3$ m/d，$k_{contr}=12.25$；(c) $u=3$ m/d，$k_{contr}=121$；(d) $u=0.3$ m/d，$k_{contr}=121$

完全降解所需满足的混合程度。该差异来源于在解析解推导过程中所作的“足够长溶质羽(即较小 X_{crit} 值)”的假设。

图 4-18 给出了反应物 A 的通量相关的稀释指数及其自然对数沿 x 方向的增长率,所选设置与图 4-13 所示的工况相同。将反应物 A 的入口初始浓度设为 0.9,将反应物 B 的设为 1,由此得到 X_{crit} 为 0.53。由于反应动力学为瞬时反应,并且反应物 A 的源浓度较低,因此通量相关的稀释指数在所有设置中均呈现减小的趋势,表明式(1-11)中的汇项在反应性溶质运移熵密度平衡中占据主导地位。该结论同样可从呈现负值的 $\mathrm{d}\ln E_Q(\mathrm{A})/\mathrm{d}x$ 中得到证实(图 4-18(c)和 4-18(d))。对于由混合控制的反应性溶质运移,因流动聚集和扭曲所引起的保守性溶质稀释增强的现象(图 4-13)对应着图 4-18 中反应物 A 的消耗加快的结果。例如,当 $\alpha=22.5°$时,反应羽 A 的长度比 $\alpha=90°$时的短了将近三分之二。横向混合的局部增强直接意味着反应的增强和反应羽 A 的缩短。

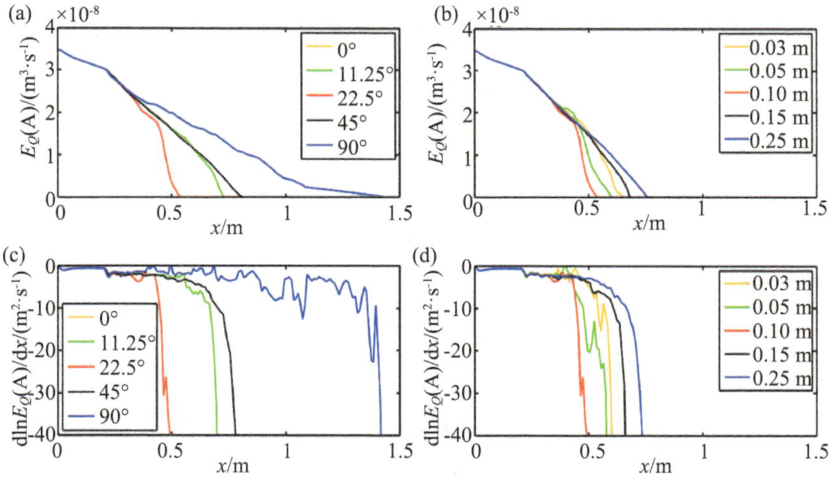

图 4-18　反应物 A 的通量相关的稀释指数及其增长率沿 x 方向的变化情况

在由混合控制的反应性溶质运移中同样进行了化合物特征性效应分析。所选工况对应图 4-15 中保守性溶质运移的工况,所选扩散系数仍为荧光素钠和氧气的水动力扩散系数。图 4-19 所示为不同扩散系数下反应物 A 的通量相关的稀释指数及其自然对数沿 x 方向的增长率。扩散系数越大,反应羽长度越短。该化合物特征性效应在混合增强不明显的情况下更为重要,而当混合被大幅度增强后，化合物特征性效应反而被削弱了。后者（如 $\alpha=22.5°$时的情况）可归因于混合增强后更为显著的反应动力学效应以及更短的溶质停留时间。

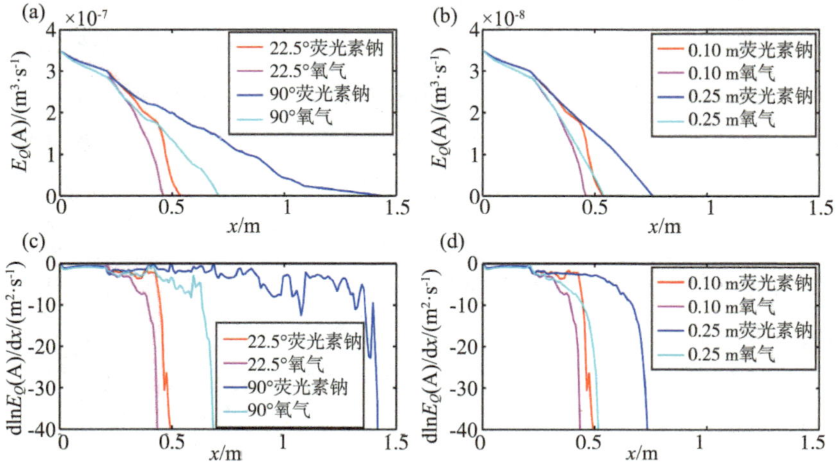

图 4-19　不同扩散系数下反应物 A 的通量相关的稀释指数及其增长率沿 x 方向的变化情况

4.4　交互螺旋状流动与溶质混合

4.4.1　模型设置

如图 4-20 所示，本节中的模型设置采用长、宽、高分别为 1.5 m、0.63 m、0.63 m 的三维多孔介质研究区域，在区域中嵌入两个宏观各向异性结构（长×宽×高=0.51 m×0.11 m×0.11 m），并进行稳态流动及保守性和反应性溶质运移模拟。流动系统的边界条件设置与章节 4.3.1 相同，使得多孔介质中的实际平均流速为 3 m/d。除了模拟保守性和瞬时反应性溶质运移外，本节同时考虑了双 Monod 反应动力学。瞬时和双 Monod 反应动力学之间的区别在于，前者的总体反应转换是由混合控制的，而后者是由物理混合过程和反应动力学共同控制。

将两个宏观各向异性结构同时嵌入均质基质中，并行或序列排列，以形

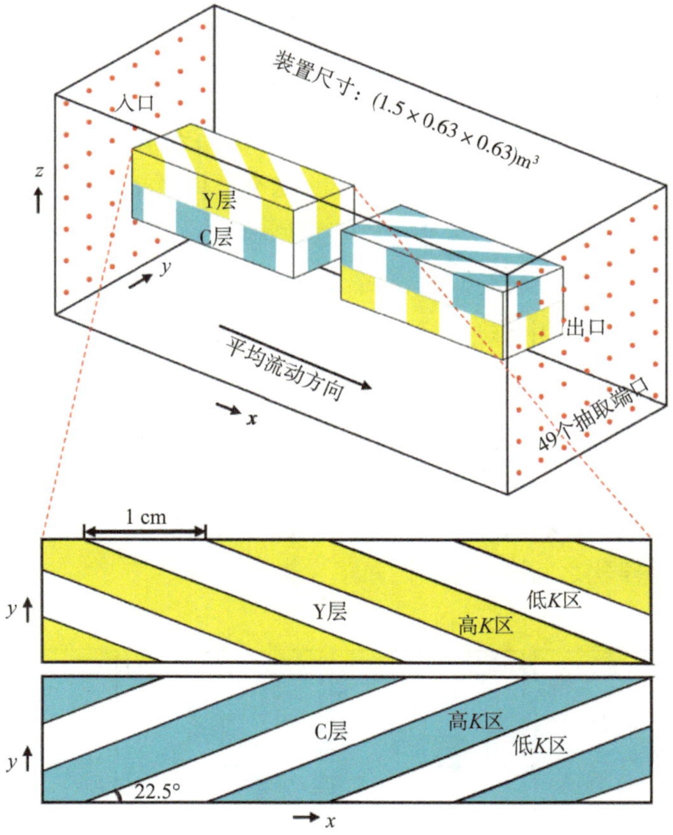

图 4-20　含有两个序列宏观各向异性结构的三维设置示意图

成 16 种不同工况。基质的渗透系数为 2.5×10^{-3} m/s。每个各向异性结构均由两种代表粗、细粒径多孔介质的倾斜条呈角度交替排列构成。图 4-20 显示了粗、细粒径多孔介质在上、下层中的排列。其中的蓝色和黄色倾斜条代表渗透系数为 3.0625×10^{-2} m/s 的粗粒径多孔介质，白色倾斜条为渗透系数等同于基质的细粒径多孔介质。当倾斜条与 x 方向成 22.5°角时，称之为 C 层，以蓝色表示；与 C 层呈互补角的排列称为 Y 层，以黄色表示。两个倾斜条之间的距离为 1 cm。由章节 4.3 所得结论可知，该设置条件下的稀释和混合程度最优。利用由 Hazen[166] 提出的方程可计算得到细、粗粒径多孔介质的粒径分别为 0.5 mm 和 1.75 mm。两种粒径多孔介质的孔隙度均设置为 0.4。

两个各向异性结构在不同工况中的位置和几何形状如图 4-21 和图 4-22 所示。图 4-21 显示了两个非均质各向异性结构呈并行排列的 8 种工况 $y-z$ 截面，图 4-22 则展示了两个非均质各向异性结构呈序列排列的另外 8 种工况 $x-z$ 截面。在如图 4-21 所示的 8 种工况中，两个结构在纵向的起点距离入口0.2 m，在 y、z 方向（即侧向和垂向）上，两个结构之间选择了 4 种不同的相对位置。同时，通过交换结构中上、下层的排序，构建两种不同的几何结构，从而形成不同的螺旋流组合。当两个结构的 Y 层均在 C 层之上时，两个螺旋流的旋转方向相同，用 S 进行标记；反之，当两个结构中的 Y 层和 C 层排列顺序相反时，两个螺旋流的旋转方向也相反，用 O 进行标记。在 S1 和 O1 工况中，两个结构均处于 $y-z$ 截面的中心位置，并于一侧相互连接。在 S2、O2、S3 和 O3 工况中，两个结构均沿 z 方向移动，使得 S2 和 O2 工况中的两个结构之间达到一个层的高度，而 S3 和 O3 工况中的达到两个层的高度。在 S4 和 O4 工况中，两个结构之间沿 y 方向的间距为 0.05 m。

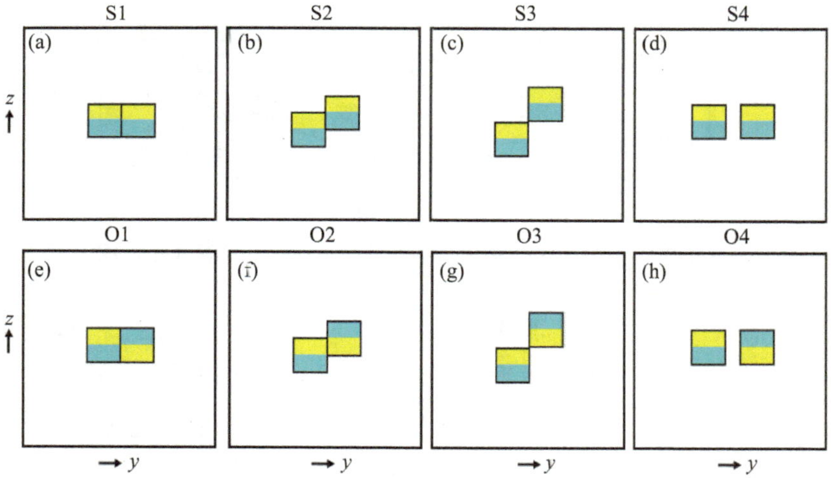

图 4-21　含有两个并行宏观各向异性结构的 $y-z$ 截面示意图

图 4-22 展示了另外 8 种工况，其中的两个宏观各向异性结构呈序列排列，并且结构中心与中心注射端口对齐。在 S5、O5、S7 和 O7 工况中，第一个结构距离入口 0.2 m，其他工况的第一个结构距离入口仅 0.1 m。另外，S5、O5、S6 和 O6 工况中的两个结构是连续的，S7、O7、S8 和 O8 工况中的两个结构的间距为 0.1 m。

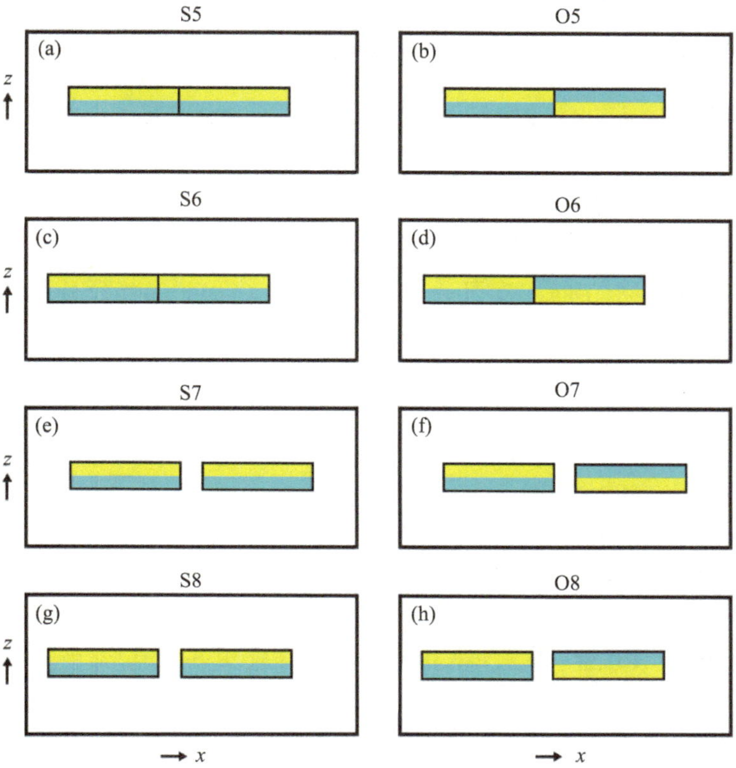

图 4-22　含有两个序列宏观各向异性结构的 x-z 截面示意图

本节数值模拟采用的模型、方法及其控制方程均与章节 3.2.3 一致，此处不再赘述。三维流动系统共被离散成 4 762 800 个网格，每个网格在 3 个方向上的长度均为 0.005 m。在保守性溶质运移的情况下，运移方程的反应项为零；在反应性溶质运移模拟中，则需考虑反应物 A 和反应物 B 之间的瞬时反应和双 Monod 动力学反应。对于瞬时反应来说，反应物 A 和反应物 B 不能共存（即 $c_A c_B=0$，其中 c_A 和 c_B 为反应物 A 和 B 的浓度，mol/m^3）。双 Monod 动力学描述了典型的生物化学反应，其反应速率依赖于生物的生长量，即

$$r_i=-\frac{\mu_{\max}}{Y_S}\cdot\frac{c_A}{K_A+c_A}\cdot\frac{c_B}{K_B+c_B}\cdot c_{bio}\tag{4-9}$$

式中，$\mu_{\max}$ 为最大比增长速率，1/s；Y_s 是反应得率；K_A 和 K_B 分别为反应物 A 和 B 的半饱和系数，mol/m^3；c_{bio} 为微生物质量浓度，kg/m^3。通过改变 $\mu_{\max}$ 的

值，测试快、中、慢双 Monod 反应动力学对结果的影响。稳态条件下的生物量不随时间而变化，其动态平衡的实现可通过生物生长和线性衰减共同达成，即

$$\mu_{\max}\cdot\frac{c_A}{K_A+c_A}\cdot\frac{c_B}{K_B+c_B}\cdot c_{bio}-k_{dec}c_{bio}=0 \tag{4-10}$$

式中，k_{dec} 为生物衰减系数，1/d。

反应性运移仍采用虚拟保守性化合物 X 来简化问题。针对瞬时反应 A+B→C，反应物 A 的浓度可通过式(4-6)计算得到。当反应动力学为双 Monod，并且生物量处于稳态时，反应物 A 的计算公式为

$$c_A=Xc_A^{in}+\frac{p_1+\sqrt{p_1^2-4p_0p_2}}{2p_2} \tag{4-11}$$

式中，p_0、p_1、p_2分别为

$$p_0=Xc_A^{in}(1-X)c_B^{in}-\frac{k_{dec}}{\mu_{\max}}(K_A+Xc_A^{in})[K_B+(1-X)c_B^{in}] \tag{4-12}$$

$$p_1=\frac{k_{dec}}{\mu_{\max}}[K_A+Xc_A^{in}+K_B+(1-X)c_B^{in}]-[Xc_A^{in}+(1-X)c_B^{in}] \tag{4-13}$$

$$p_2=1-\frac{k_{dec}}{\mu_{\max}} \tag{4-14}$$

在数值模拟中使用的所有参数均列于表 4-3 中。

表 4-3 模型中的流动、运移和反应参数值

细粒径多孔介质 $K/(\mathrm{m\cdot s^{-1}})$	2.5×10^{-3}	$\mu_{\max}/(\mathrm{d^{-1}})$	0.5，5，50
粗粒径多孔介质 $K/(\mathrm{m\cdot s^{-1}})$	3.0625×10^{-2}	$k_{dec}/(\mathrm{d^{-1}})$	0.1
n	0.4	$c_A^{in}/(\mathrm{mmol\cdot L^{-1}})$	0.07～0.7，1
$D_{aq}/(\mathrm{m^2\cdot s^{-1}})$	4.8×10^{-10}	$c_B^{in}/(\mathrm{mmol\cdot L^{-1}})$	0.7
δ	5.37	$K_A/(\mathrm{mmol\cdot L^{-1}})$	8.33×10^{-2}
β	0.5	$K_B/(\mathrm{mmol\cdot L^{-1}})$	3.13×10^{-2}

4.4.2 流线变形和混合指标的定义

拉伸和折叠这两个指标可用来描述复杂流场中的运动学特性[173,178-180]。

本节通过计算这两个指标量化三维设置中非均质各向异性结构及其不同排列对螺旋流场的影响。

拉伸(A^2)被定义为标准化的流线线性变形 L2 范数的平方，它量化了溶质羽交界面的长度，其计算公式为

$$A^2(\boldsymbol{x},\Delta x) = \frac{1}{r_0^2 M_s}\sum_{m=1}^{M_s} \| \boldsymbol{A}\boldsymbol{d}^m(x) \|_2^2 \tag{4-15}$$

式中，Δx 为沿 x 方向的空间增量，m；M_s为入口处均匀分布于一个圆周上的流线数；r_0为入口处 M_s条流线距离中心流线的初始长度，m；$\boldsymbol{d}^m$为中心流线与第 m 条流线间的距离；m 为 M_s条流线的索引号；$\boldsymbol{A}$ 是仿射变形矩阵。因此，入口处的 $\boldsymbol{d}^m(0)$可以写成$[r_0\cos(2\pi m/M_s),\ r_0\sin(2\pi m/M_s)]$。详细解释请参考 Chiogna 等给出的描述[17]。A 的定义为

$$\mathbf{A} = \boldsymbol{P}\boldsymbol{J}^{-1} - \boldsymbol{I} \tag{4-16}$$

式中，$\boldsymbol{I}$ 为单位矩阵，$\boldsymbol{P}$ 和 $\boldsymbol{J}$ 被定义为

$$\boldsymbol{P} = \sum_{m=1}^{M_s} \boldsymbol{d}^m(x) \otimes \boldsymbol{d}^m(x+\Delta x) \tag{4-17}$$

$$\boldsymbol{J} = \sum_{m=1}^{M_s} \boldsymbol{d}^m(x) \otimes \boldsymbol{d}^m(x) \tag{4-18}$$

符号⊗代表矩阵的乘积。对上述两个参数的详细讨论见前人的研究[173,179,181]。

折叠(D^2)被定义为标准化的流线变形非线性部分 L2 范数的平方，量化溶质羽交界面的弯曲程度，其计算公式为

$$D^2(\boldsymbol{x},\Delta x) = \frac{1}{r_0^2 M_s}\sum_{m=1}^{M_s} \| \boldsymbol{d}^m(x+\Delta x) - (\mathbf{A}+\boldsymbol{I})\boldsymbol{d}^m(x) \|_2^2 \tag{4-19}$$

混合的量化指标为通量相关的稀释指数 E_Q。在反应性溶质运移中，E_Q值反映了稀释与反应性混合之间的相互作用。研究中另一个用来度量反应性运移的直观指标为反应羽长度 L，其具体定义见章节 4.2.2.2。

4.4.3　螺旋状流场

图 4-23 展示了复杂非均质流场中相互作用的螺旋流，图中所示流速为

垂直于 x 方向横截面上侧向和垂向的平均达西速度分量，以蓝色箭头表示。图中的红点表示注射端口，带有彩色阴影的黑色矩形框表明了各向异性结构所在位置。值得注意的是，图 4-23 中显示的 $y-z$ 截面并不是三维设置的完整截面，而是包含了非均质各向异性结构的部分截面。由图 4-23 可见，流动在结构中的高渗透性区域聚集，两层多孔介质中粗、细粒径介质的排列引发了流速的二阶运动，导致三维系统中螺旋流的形成。螺旋流的旋转方向取决于各向异性结构的几何形状。当 Y 层位于 C 层上面时，螺旋流为逆时针方

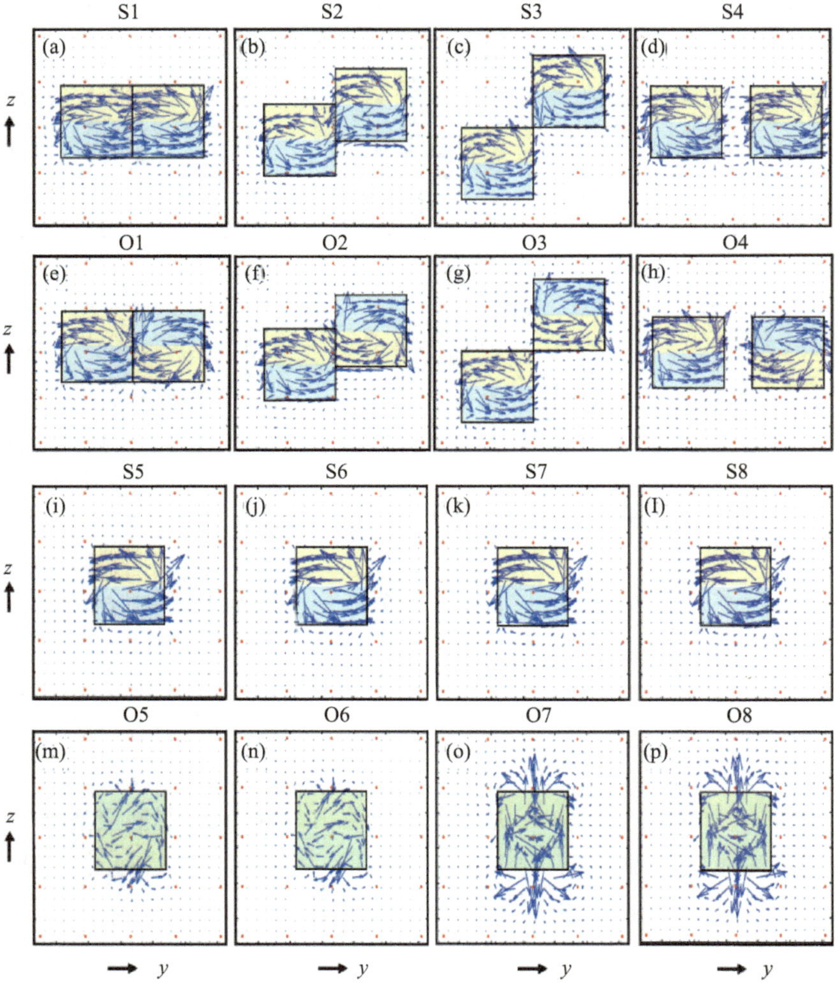

图 4-23 $y-z$ 截面上的平均流速

向；当 Y 层位于 C 层下面时，螺旋方向为顺时针。S5～S8 工况结果显示，当两个序列结构中的螺旋流旋转方向一致时，流场保持着一个特定的螺旋方向。相反，O5～O8 工况结果表明，如果两个序列结构中的螺旋流旋转方向相反，那么平均流场将不再拥有特定的螺旋方向。

流动系统整个横截面上的拉伸和折叠指标根据式(4-15)和式(4-19)计算得到，图 4-24 展示了它们沿 x 方向的变化趋势。在所有工况中，通过测试粒子所在初始位置的 4 个不同半径（即 $r_0=0.01$ m、0.02 m、0.03 m、0.04 m），分析该参数对结果的敏感性。在每种半径的圆周上放置 36 个粒子，从而获得具有统计意义的结果[179]。由各向异性结构引发的螺旋流导致了 A^2 和 D^2 的变化；相反，均质多孔介质中的 A^2 和 D^2 值最小，且保持不变。A^2 和 D^2 的绝对值取决于初始半径的选择，但其拉伸和折叠行为模式在不同初始半径的工况下表现一致。对含有两个并行各向异性结构的 S1～O4 工况来说，只有 51 cm 长的区域受到流动变形的影响，因此，拉升和折叠的总体演化趋势相似。S5～O8 工况中的演化差异相对更大，这是由于在该工况下，流动变形所涉及的区域更长。S5、S6、S7 和 S8 工况中的两个结构流线旋转方向相同，使得折叠指标值更大；而在 O5、O6、O7 和 O8 工况中，由于螺旋流线的旋转方向相反，从而导致第二个序列结构中的拉伸和折叠量减少。值得注意

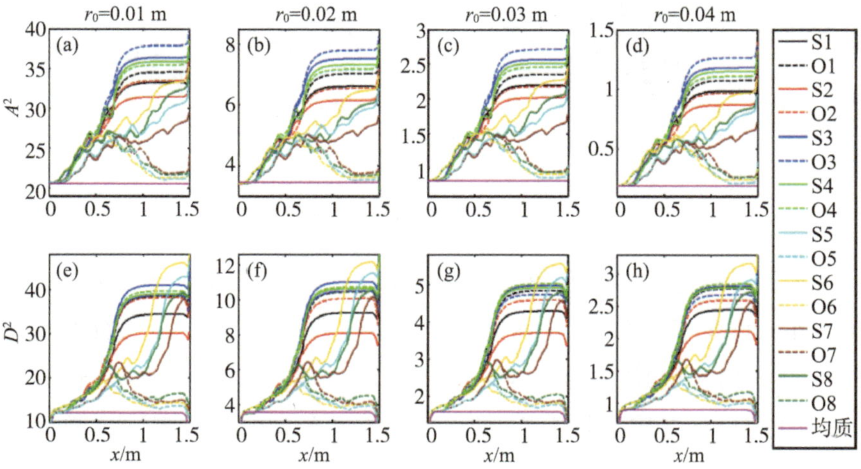

图 4-24　沿 x 方向的 A^2 和 D^2 平均值变化情况

的是，在O5～O8工况中，系统出口处的拉伸和折叠与入口处的初始值相同，表明拉伸和折叠是可逆的过程，混合过程则是完全不可逆的。流场的运动学非单调行为与保守性运移中混合过程的单调递增之间存在根本差异，很难实现利用运动学结果对混合进行预测。此外，拉伸和折叠描述的是整个流场的性质，而混合过程只涉及浓度场，仅受溶质羽界面上局部扩散和弥散过程的控制。

4.4.4 保守性溶质运移结果

图4-25显示了O1和S5工况的三维保守性溶质运移结果。从入口截面中心注入的溶质羽在复杂流场的作用下发生显著变形，当溶质羽进入非均质各向异性结构后浓度迅速降低。溶质羽的变形只发生在结构内部，这与拉伸和折叠的结果一致。O1和S5工况中的溶质羽变形差异显著：前者在截面中部并未出现峰值，溶质羽呈环状；后者则保持了浓度从溶质羽核心向外逐渐降低的情形。

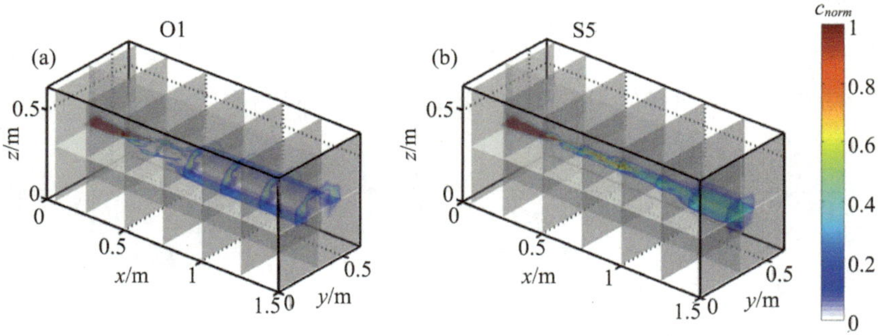

图4-25 O1和S5工况中的三维保守性溶质羽

三维流动系统出口截面上各工况的浓度分布如图4-26所示。图4-26(a)～(h)显示的为含有两个并行各向异性结构的工况，图4-26(i)～(p)显示的是含有两个序列各向异性结构的工况。图中的白框为各向异性结构所在位置。S1～S4工况中的溶质羽分裂形成两个具有各自峰值的独立部分，溶质羽分布相对于横截面中心近似对称；而O1～O4工况中的溶质相对于横截面中心呈现非对称分布。对于含有两个序列各向异性结构的工况来说，溶质羽始终保持在截面中心，并且呈现双翼(S5～S8)和四翼(O5～O8)的对称形式。

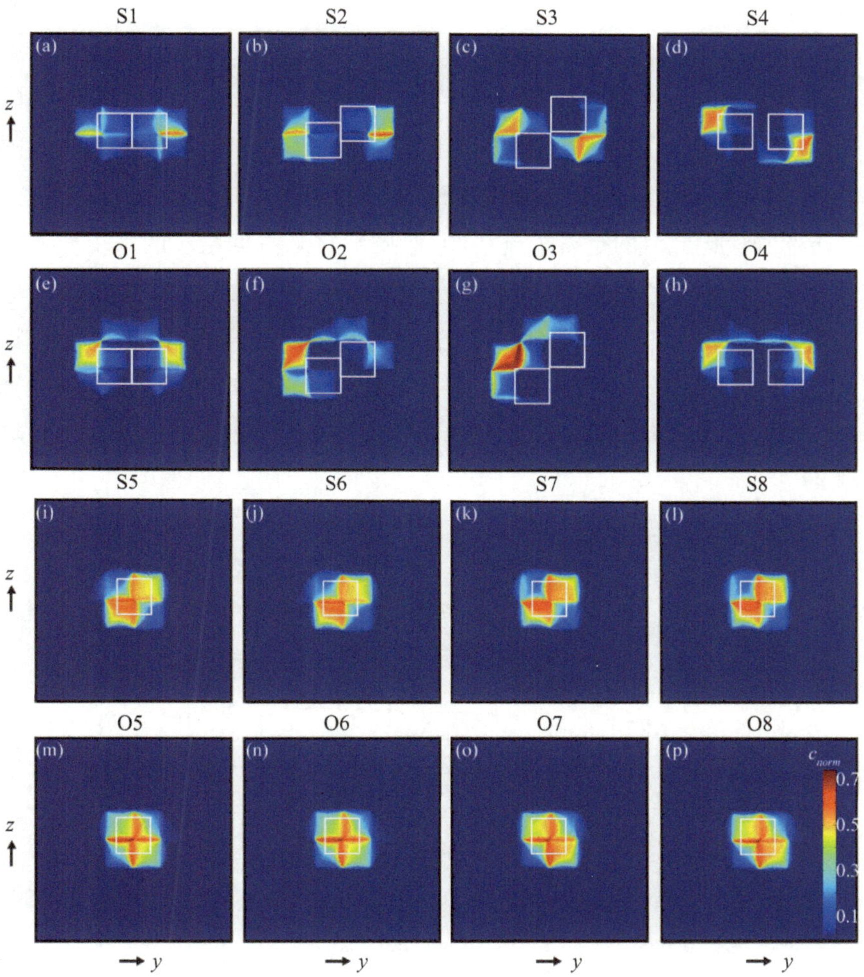

图 4-26 不同工况中系统出口处的浓度分布

图 4-27 展示了 16 个非均质各向异性工况和均质多孔介质中的通量相关的稀释指数及其沿运移路径的增长率。E_Q在所有设置中均呈单调递增趋势，并且相比于均质设置，各向异性设置均表现出显著的稀释增强效应。通量相关的稀释指数增长率表明，溶质羽的稀释增强发生于螺旋流出现的区域，即从第一个各向异性结构开始到第二个结构结束（0.1 m$<x<$1.3 m），稀释增强程度取决于不同的螺旋流形态。例如，O1 工况的稀释度最高，O3 工况的稀释度最低，两者在出口处的相对差值为 42.75%。在并行结构工况中，两个具

有相同螺旋流旋转方向的工况（S5～S8）稀释度略高于旋转方向相反的对应工况（O5～O8）。此外，在含有两个并行各向异性结构的工况中，最大稀释度为 4.80×10^{-7} m^3/s，而在含有序列各向异性结构工况中，最大稀释度可达 5.97×10^{-7} m^3/s，后者大于前者。稀释增强通常发生于流线拉伸和折叠的相应位置，但稀释增强程度并不能直接通过运动学指标进行预测，原因在于运动学指标的量化针对的是整个流场，而溶质羽并未占据系统的整个截面。正如章节 4.4.3 中所述，运动学指标的发展趋势是可逆的，而稀释是单调递增的。例如，在所有非均质工况中，S2 工况的流线变形最弱，稀释程度却相当高；相反，O3 工况的流线变形显著，但稀释程度最低。事实上，该现象在具有两个相反螺旋的序列结构中（O5～O8）最突出：流线整体变形极小，但稀释增强显著。

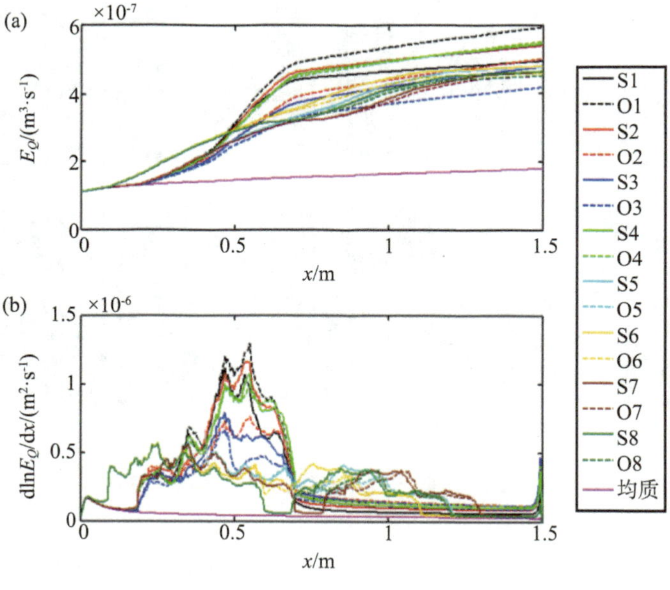

图 4-27　沿平均流动方向的通量相关的稀释指数及其增长率的变化

由上述结果可知，当二阶运动只作用于溶质羽边缘时，螺旋流场的旋转方向对稀释增强影响较小（4～8 工况）；相反，当溶质羽中心也受到变形作用时，非均质各向异性结构产生的非对称性旋转对稀释增强具有重要影响（1～3 工况）。

4.4.5　反应性溶质运移结果

4.4.5.1　反应羽长度

图 4-28 展示了不同临界混合比条件下的反应羽长度，其中注射物 A 与周围地下水反应物 B 之间发生瞬时反应。在所选临界混合比范围内，非均质各向异性设置中的反应羽均短于研究区域的长度，而均质设置中的反应羽比研究区域的长度更长。临界混合比的增大意味着注入反应物 A 浓度的降低，导致反应羽 A 的长度缩短。如图 4-28 所示，1～4 工况和 5～8 工况所呈现的结果截然不同：前者存在反应羽长度缩短的突变点，而后者表现为平稳的变短过程。1～4 工况中突变点对应的反应羽长度为 0.7 m，该位置正是 1～4 工况中各向异性结构的终止位置。当临界混合比较小，即反应物 A 的初始浓度大于反应物 B，并且反应羽在各向异性结构末端未被完全消耗时，混合受限于下游均质多孔介质。在该条件下，反应物 A 初始浓度的小幅增加（即临界混合比的小幅度缩小）将导致反应羽长度的急剧增长。

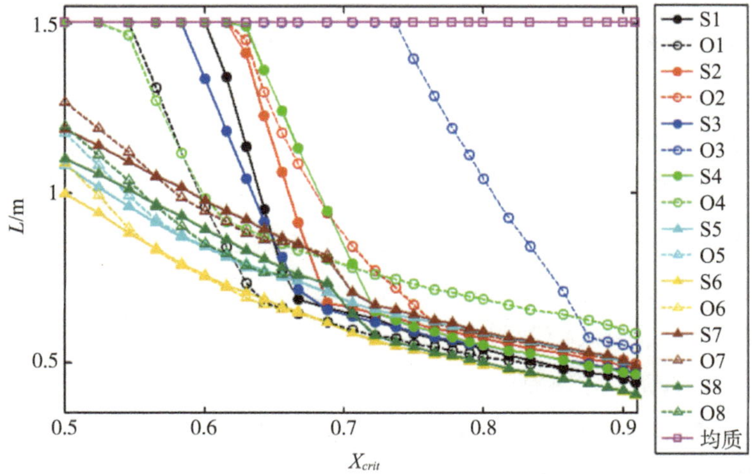

图 4-28　均质和非均质各向异性设置中瞬时反应的反应羽长度随临界混合比的变化

4.4.5.2 物理混合与反应动力学之间的相互作用

通过模拟瞬时、快速、中速和慢速双 Monod 反应性运移，探究了物理混合和反应动力学之间的相互作用。选取稀释程度较高的 O1 和 S5 工况作为并行和序列各向异性设置的代表，图 4-29 展示了在中速双 Monod 动力学条件下两种工况中的三维反应羽。在各向异性结构中，反应物 A 得到明显降解，直接表明了由各向异性结构引发的螺旋流增强了反应性混合。

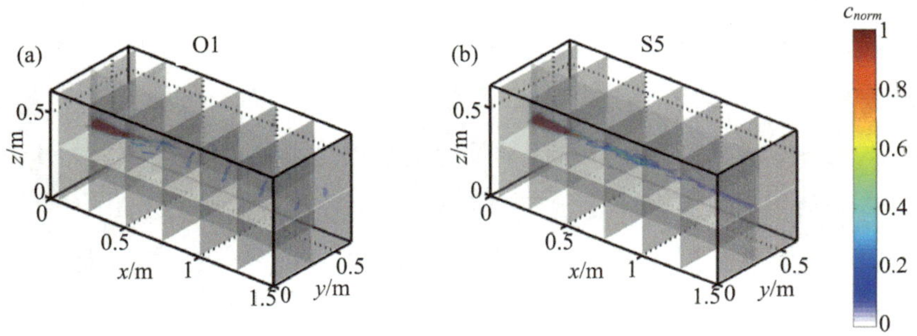

图 4-29　O1 和 S5 工况中的反应性溶质羽 A

图 4-30 描绘了 O1 和 S5 工况中不同反应动力学条件下反应物 A 沿平均运移路径的熵变化情况。除此之外，图中同时给出了保守性溶质运移及均质多孔介质设置的结果。在不同的反应动力学条件下，熵的变化过程不同。在瞬时反应动力学条件下，反应物 A 的熵呈现减小趋势，并且各向异性结构进一步促进了反应物 A 的降解，表明了螺旋流对反应性混合的增强效应。当反应动力学条件为慢速双 Monod 时，反应物通量相关的稀释指数发展形态类似于保守性运移，熵值保持单调递增，表明了稀释过程对熵密度平衡具有主导作用。在中速，尤其在快速 Monod 动力学条件下，稀释的趋势接近瞬时反应结果。$E_Q(\mathrm{A})$自然对数的空间导数更清楚地说明了在各向异性设置中稀释和反应过程之间的相互作用。保守性溶质运移中通量相关的稀释指数增长率为正值，并且其值在各向异性结构中增大。慢速动力学反应的情况同样显示 $\mathrm{d}\ln[E_Q(\mathrm{A})]/\mathrm{d}t$ 为正值。对于快速双 Monod 和瞬时动力学来说，反应速率变快，反应项变得更加重要，主导了熵密度的平衡。

图 4-30 还比较了非均质各向异性介质和等效均匀介质中的运移情况。在非

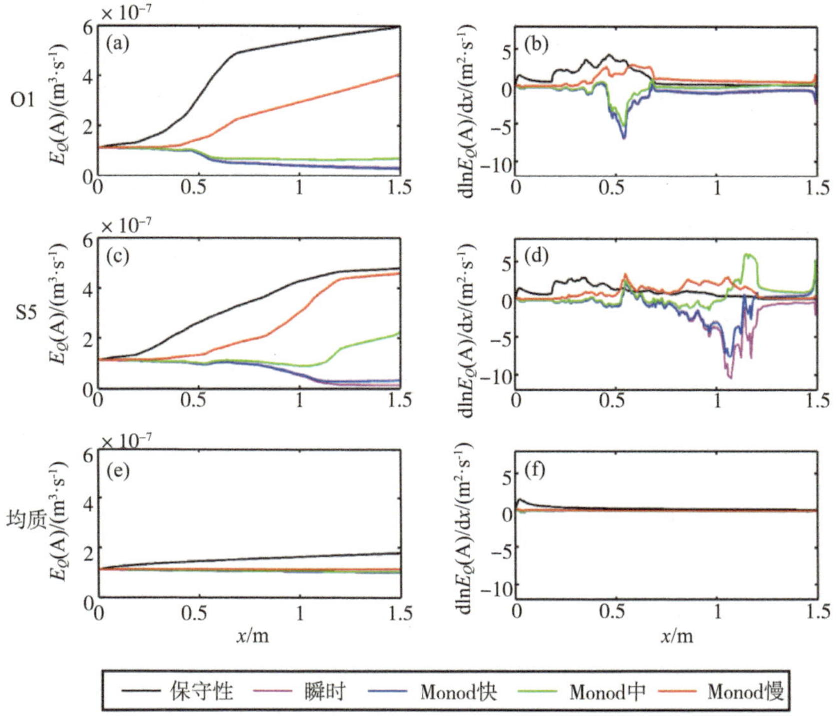

图 4-30　不同反应动力学条件下均质和非均质工况 O1 和 S5 中通量相关的稀释指数及其自然对数的空间导数沿 x 方向的变化

均质多孔介质中，4 种反应动力学模型的熵相差较大；而在均质多孔介质中，其差异很小(见图 4-30(e)和 4-30(f))。实际上，均质多孔介质中的混合程度较弱，反应动力学的变化对总体降解没有显著影响，总体降解仍然受到混合速率的限制。相反，在非均质各向异性介质中，螺旋流显著增强了混合，有利于两个反应物之间的接触。因此，在混合程度得到充分提升后，反应动力学是影响整体降解的限制因素，反应羽稀释度的变化趋势对生化反应速率的变化十分敏感。

4.5　小结

本章利用室内实验和数值模拟深入探究了宏观各向异性多孔介质中稳态溶质羽的化合物特征性稀释及不同反应动力学的反应性混合。在研究中将粗、细粒径的多孔介质分层交错排列，以形成宏观各向异性水力传导场，同时通过改变各向异性结构的几何形态、渗透系数和相对位置等，形成不同的三维非均质各向异性设置。流场的变形通过计算拉伸和折叠指标进行量化，稀释及反应性混合通过通量相关的稀释指数及其变化率来衡量。在反应性运移中，同时采用反应羽长度、临界稀释指数等参数对反应性混合结果进行量化分析。本章的主要结果总结如下。

(1) 首次利用室内实验验证了三维非均质各向异性介质中螺旋流的存在，并展示了保守性溶质羽在螺旋流场中的演化发展历程。

(2) 螺旋流场中流线的拉伸和折叠导致了溶质羽的变形，显著增大了溶质羽表面的接触面积，从而增强了溶质稀释和反应性混合。然而，拉伸和折叠指标与混合之间没有直接联系，这是由于前者量化的是整个流场，而后者考虑的仅是浓度场。

(3) 不同的各向异性设置中的混合增强程度不同，在特定条件下，存在最优设置，使得溶质混合与反应达到最大化。

(4) 通过比较荧光素钠与氧气的保守性和反应性运移，发现螺旋流场中的溶质稀释和反应性混合同样存在化合物特征性效应。

(5) 当混合在螺旋流场中得到充分增强后，反应动力学变得更为重要，源于缓慢流速和扩散传质的典型混合控制运移机制将转变为生化反应动力学控制过程。由三维螺旋流引发的混合增强效应使得非均质各向异性多孔介质不同于常见的混合不足的多孔介质，相反，非均质多孔介质系统接近于其他环境流场条件，即流动不受黏滞力的支配，混合更加有效，反应动力学成为整体反应的限制条件。

尽管本章所采用的宏观各向异性设置为理想简化模型，但是本研究结果有助于帮助人们认识三维多孔介质复杂流场中的溶质运移规律。尤其是螺旋流线等三维特性，其无法在传统二维系统中观察到，却对运移和混合产生了强烈影响。本章研究结果可应用于自然含水层系统。例如，于沉积观测中显现的含水层露头非均质各向异性形态，通常比地下水流动和污染物运移模拟中的非均质假设更加复杂。在进一步的研究中可考虑复杂流场中溶质运移的升尺度问题。非均质各向异性多孔介质中更大尺度的流动和运移模拟将有助于寻找有效的升尺度参数，并填补实验室和野外观测之间的空白。

第 5 章

利用横向弥散增强溶质混合的应用实例

5.1 引言

全球污染物的大量排放和清洁水资源需求的日益增长致使提升地下水修复效率变得尤为重要。地下水修复技术包括异位修复和原位修复两种[182-186]。一种经典的原位修复方法是，利用修复井向被污染的含水层中注入修复液，促使污染物发生降解，从而达到修复目的[187,188]。例如，含有氧气和营养液的修复液常常被输运至含有苯、甲苯、乙苯和二甲苯等的污染含水层中，在微生物作用下发生生物化学反应[189-191]。该方法有效进行的前提是污染物与修复液的充分混合。然而，地下水缓慢的流动特性及较小的弥散系数令修复液与污染物间的混合非常有限，通常仅在修复羽边缘发生反应，导致地下水原位修复效率低下[57,192]。前人提出了一些技术可用来增强地下水原位修复中的混合，这些方法大多利用混沌对流及其所形成的溶质扩展[193-195]。其中一种比较有效的技术是循环井技术，如脉冲双井方法，利用一对或多对抽、注水井人为地制造混沌对流场[196-200]。该方法需要将受污染地下水再次回注到含水层中，并且修复液与污染物在泵、井中也会发生混合与反应，在实际应用中存在限制[201-203]。为了克服上述限制，另一种技术被提出，该技术的主要策略是在污染羽和修复液周围抽、注干净的水，同样可以通过扩展溶质羽表面从而增强混合和反应[204-207]。然而，该技术的缺点在于需要耗能（泵水）、抽注水方案设计、人为操作等。

本章提出并测试了一种可有效输运修复液和增强混合的全新技术，该原位修复技术采用多筛孔井（MSW）运输修复液，将不会产生额外的能耗或劳动力消耗。其基本思路是利用间隔的井壁筛孔将注入的修复液分离成多条修复羽，从而增大污染物与修复液之间的接触面积，增强污染物和修复液的混合反应。本章通过二维室内实验和数值模拟，研究稳态瞬时反应性运移，并将多筛孔井和传统单筛孔井（SSW）中的实验和数值模拟结果进行比较。同时，利用解析和数值方法推导了多筛孔井的最佳注入间距。另外，探索了注入浓度、开筛长度、横向弥散度以及流速对最佳注入间距和反应效率的敏感性。

5.2 多筛孔井的提出

5.2.1 概念模型

图 5-1(a)展示了多筛孔井系统的概念模型，其中的多筛孔注射井坐落于均质各向同性多孔介质中。为了进行相应对比，图 5-1(b)展示了传统单筛孔井(即全密集筛孔井)的概念模型。图中的 x 和 z 轴分别代表平均水流方向及其垂直方向。注射井位于模型左边界，修复液通过注射井的筛孔连续输运至研究区域中。左边界的其他部分连续渗透含有污染物的地下水。该模型可用来模拟含有连续污染源的非水相流体或垃圾填埋场渗漏场景。模型中注入的修复液的流速与地下水流速相同，并保持稳态流动和运移条件。

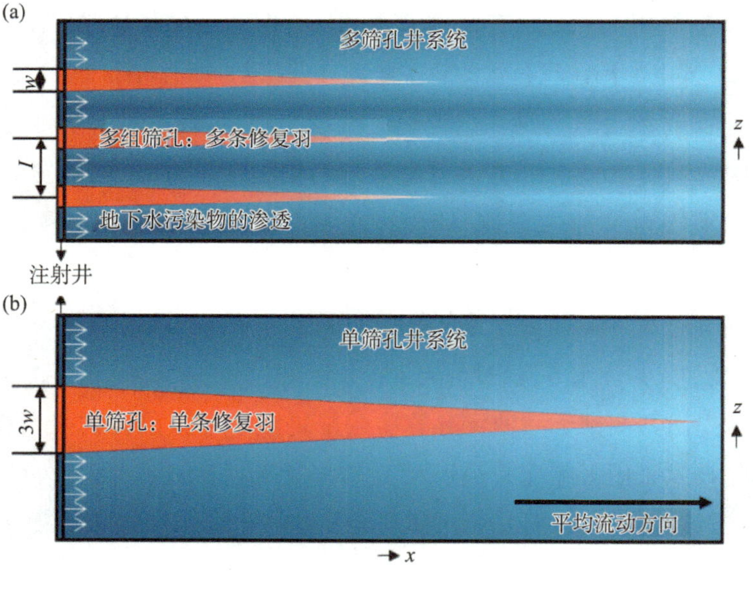

图 5-1 二维多筛孔井系统(a)和单筛孔井系统(b)的概念模型

作为一个例子，本概念模型中的多筛孔井分三段进行开筛，每段筛孔的长度为 w，开筛间距(即注入间距)为 I。此处的注入间距定义为相邻两条修复羽中心之间的垂向距离。为了与多筛孔井对应，单筛孔井的开筛是连续的，其长度为 $3w$。当多筛孔井的注入间距缩短至单段筛孔的长度(即 $I=w$)

时，多筛孔井将转变为传统的单筛孔井。由图 5-1 可见，在多筛孔井系统中形成了 3 条修复羽，而单筛孔井系统中只有 1 条修复羽。在多条修复羽条件下，修复液与污染物之间的接触面积更大，从而增加了横向质量交换，增强了反应性混合，进而提升被污染地下水的修复效率。

5.2.2　实验设置

为证实多筛孔井系统能够有效增强修复液和污染物的混合这一猜想，并验证数值模拟的可靠性，本章开展了室内准二维砂槽实验。实验装置见图 5-2。砂槽由有机玻璃制成，其长、宽、高分别为 80 cm、1 cm 和 30 cm。砂槽的左、右两边均等间距开设 24 个端口，端口间隔为 1 cm，并用橡胶隔塞堵住。将注射针头插入橡胶隔塞，用于注射和抽取液体，针头内径为 0.7 mm。利用 Fluran 泵管和不锈钢毛细管，将两个 24 通道蠕动泵分别与砂槽左右两端的注射针头相连，用来模拟定流量边界条件。所用的蠕动泵具有高精度，并能以恒定速率持续运行，从而获得稳定的流动边界条件，使得实际平均流速为 3.6 m/d。二维砂槽内部均匀填充粒径为 0.4～0.6 mm 的玻璃珠，填充高度约为 28 cm，其中完全饱和区高度为 25 cm，顶部 3 cm 为非饱和区，用来防止溶液从上部优先通道流出，从而影响实验结果。为避免饱和区中存在气泡，采用湿法装填玻璃珠。经测试，通过该种方法装填后饱和区的孔隙度为 0.4，横向弥散度为 64 μm。

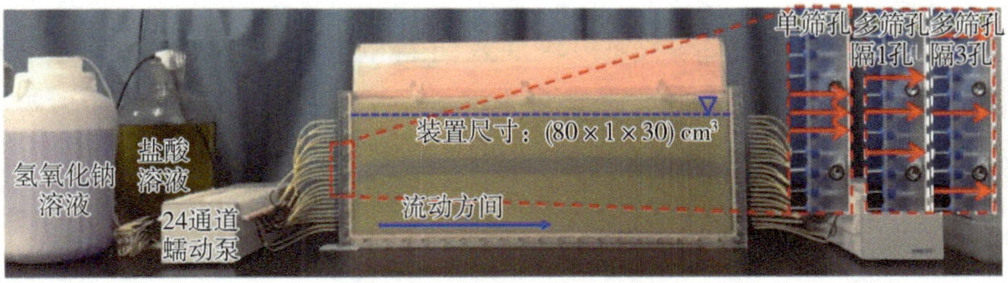

图 5-2　实验装置图

采用氢氧化钠和盐酸模拟修复液和污染物。氢氧化钠与盐酸之间的反应为瞬时反应，即两者一旦接触、混合，就能反应生成氯化钠和水。由于盐酸和氢氧化钠不可能在某一空间点共存，因此，可用盐酸与氢氧化钠的反应程度来表征混合效果。在实验中，从选定的 3 个端口持续注入作为修复液的氢氧化钠，从其他端口注入作为被污染地下水的盐酸溶液。两种溶液在左边界的质量通量保持恒定。采用两种注射模式来分别模拟多筛孔井系统和单筛孔井系统。在模拟多筛孔井系统时，分别选择间隔 1 个端口和间隔 3 个端口注入修复液；在模拟单筛孔井系统时，选择 3 个连续端口注入修复液。据此研究不同注入间距下多筛孔井的修复效果。实验中所用的盐酸和氢氧化钠溶液均采用去离子水配制，NaOH 溶液浓度为 5 mmol/L，HCl 溶液浓度为 4 mmol/L，并在两种溶液中均加入浓度为 5.92×10^{-6} mol/L 的溴苯酚蓝指示剂，该指示剂在 pH 值为 3～4.6 时会由黄色变为蓝色，可用于直观分辨砂槽中的氢氧化钠溶质羽。

5.2.3 数值模型

为了定量分析多筛孔井系统对混合增强的影响程度，本章将同时进行流动和运移的数值模拟。模型尺寸与实验砂槽一致，唯一的区别是数值模拟中研究区域的高度为 0.24 m，并将模型设置为承压含水层条件。模型区域被离散成 400×240 个网格，其中 $\Delta x=2$ mm 和 $\Delta z=1$ mm。模型的左右边界为定流量边界条件，其他为无流边界，实际平均流速设为 3 m/d，由此使得纵向颗粒 Péclet 数为 2.8。每段筛孔的长度 w 设为 1 cm。保守性溶质入口筛孔处的无量纲浓度设置为 1，反应性溶质的反应物入口浓度均为 0.1 mol/L。以上设置为基本工况。通过改变注入浓度、每段筛孔长度、横向弥散和水流速度等参数值，研究了以上参数对最优注入间隔和多筛孔井系统反应增强效果的影响。分别采用 MODFLOW 和 MT3DMS 求解流场和对流-弥散方程。数值模拟中所采用的参数见表 5-1。

表 5-1　模型参数汇总

参数	值
平均粒径/mm	0.5
孔隙度	0.4
渗透系数/($m\cdot s^{-1}$)	2.5×10^{-3}
有效孔隙扩散系数/($m^2\cdot d^{-1}$)	2.15×10^{-4}
纵向弥散度/μm	640

（续表）

参数	值
溶液 B 的浓度/($mol \cdot L^{-1}$)	0.1
临界混合比	0.3，0.35，0.4，0.45，0.5*，0.55，0.6，0.65，0.7
每段筛孔注入长度/cm	0.6，0.8，1*，1.2，1.4，1.6
横向弥散度/μm	0，0.64，3.2，6.4，32，64*，320，640
水流速度/($m \cdot d^{-1}$)	0.75，1.5，3*，6，12，24

注：* 表示基本工况采用的值。

流动控制方程与对流-弥散方程分别为式(3-18)和式(1-1)。横向弥散采用线性化参数方程[139]，纵向弥散在稳态溶质运移中可忽略不计[19]。反应性溶质浓度可通过计算保守性溶质浓度转换得到，其转换公式见式(4-6)～式(4-8)。

5.3　多筛孔井系统对增强溶质混合的作用

5.3.1　实验现象与模型验证

图 5-3 展示了在 3 种不同注入间距条件下，系统达到稳态时的氢氧化钠溶质羽分布。此处的数值模型设置与实验装置完全一致，即数值模拟中的水流速度同样为 3.6 m/d，研究区域为非承压多孔介质。图 5-3(a)～(c)为砂槽中氢氧化钠的实验观测结果，图 5-3(d)～(f)为 pH＝4.6 的等浓度线数值结果，两者相互吻合，证实了数值模拟的可靠性。

与设想的相同，不同的注入间距显示出了不同特征的反应羽分布。在单筛孔井系统中(见图 5-3(a)和图 5-3(d))，只形成了一条长长的氢氧化钠溶质羽；而在多筛孔井系统中，形成了 3 条独立的氢氧化钠溶质羽。与单条氢氧化钠溶质羽相比，3 条独立的氢氧化钠溶质羽在其横截面上提供了 3 倍的接触面积，由此增强了多筛孔井系统中修复液和污染物的混合。由图 5-3(a)和图 5-3(c)可以看出，单条羽相比于 3 条独立羽更厚、更长，羽的形态可以直观反映出溶质混合的强弱。由于图 5-3(c)中的修复液注入间距较大，3 条氢氧化钠在很短的距离内就与盐酸反应完全，反应效率很高；5-3(b)中的注入间距

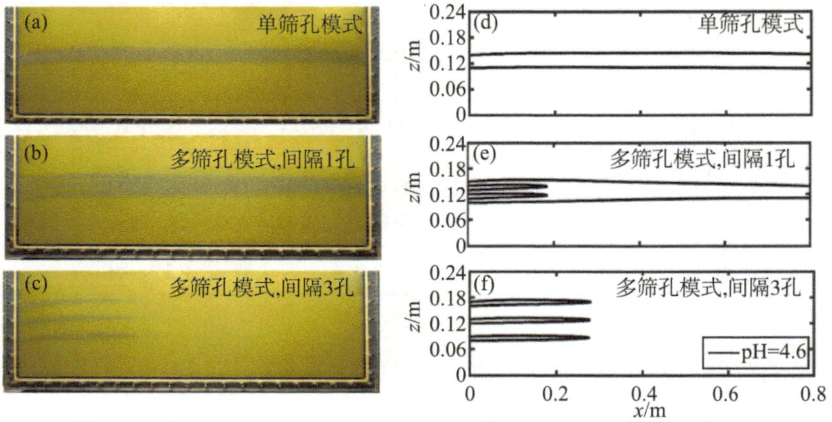

图 5-3　不同注入间距条件下氢氧化钠的溶质羽分布图

(a)～(c)为实验结果,(d)～(f)为数模结果

则较小,3 条溶质羽随着流动的进行很快便交汇成 1 条羽,减少了横向的接触面积,从而降低了反应效率。既然修复效率与修复液的注入间距密切相关,那么多筛孔井系统是否存在最优注入间距,以保证其最有效的混合和反应提升?

5.3.2　最优注入间距的推导

本节尝试用数值和解析两种方法计算多筛孔井系统的有效注入间距,并分析论证该间距下多筛孔井系统实现最强混合和反应增强的能力。

5.3.2.1　数值方法

首先采用数值模拟的方法推导求解多筛孔井系统的有效注入间距。为了便于说明及分析,假设修复液的注入浓度一定,且单段筛孔的注入长度为 1 cm,即 $w=1$ cm。

第一步,模拟从一个端口注入修复液(反应物 A),从其他端口注入污染物(反应物 B)的情况,其反应羽分布如图 5-4 所示。可以看出,氢氧化钠在 $x=0.2$ m 处消失,代表着修复液在此处被反应完全。由于单条修复羽周围存在着足够多的污染物,因此该条件下的修复羽长度为多筛孔井系统中可达到的最短长度。

第二步，在修复液消失的横截面(图 5-4 中白色虚线所在截面)中，从修复液注入中心沿 z 轴正向寻找未参与反应的污染物位置，该位置被标示为图 5-4(b)中的黑叉。如果按照该距离间隔注入另一条修复羽，可以保证两条修复羽之间具有足够多的污染物，并且两条修复羽之间不发生任何相互作用，在此时的多筛孔井系统中，修复液与污染物之间的混合和反应可以达到最大值。由于浓度分布的对称性，因此黑叉至中心注入线(如图 5-4(b)中底部白色点划线所示)之间的距离为有效注入间距的一半。通过数值搜寻，可以得到有效注入间距为 4.6 cm，此间距也被定义为数值有效注入间距 I_n。

图 5-5 展示了以 4.6 cm 为注入间距模拟含有三段筛孔的多筛孔井修复情况。正如预期所料，注入的 3 条修复羽在白色虚线处(x=0.2 m)消失，并且相邻两条修复羽中间仍剩余足够多的污染物。因此，在注入浓度与单段筛孔长度已知的条件下，通过该种数值方法可求得满足最佳修复要求的有效注入间距。

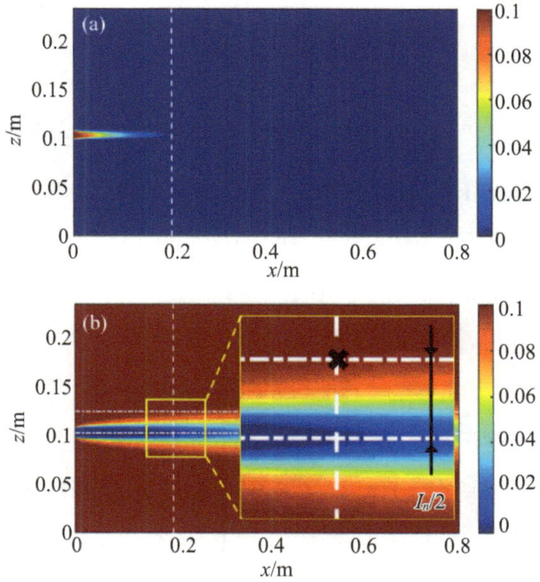

图 5-4　单个端口注入条件下修复液(a)和污染物(b)的浓度分布

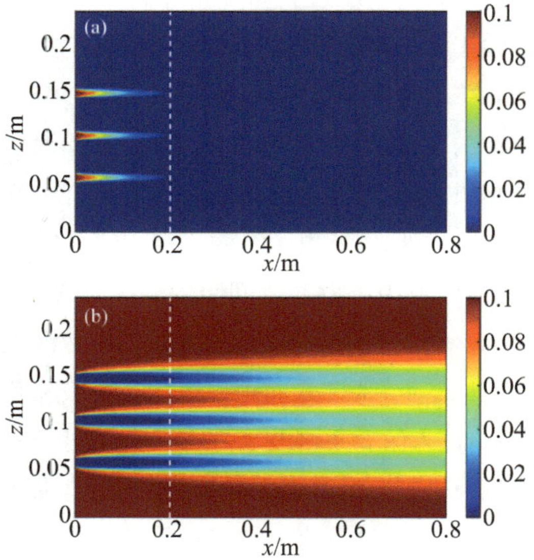

图 5-5　3 个端口注入条件下修复液(a)和污染物(b)的浓度分布

5.3.2.2　解析方法

图 5-6(a)和图 5-6(b)描述了有效注入间距解析表达式的推导过程，其中的参数均与数值方法中的参数一致。图 5-6(a)为单个端口注入条件下氢氧化钠溶质羽分布图，图 5-6(b)则为对应的保守性溶质浓度分布图。此处假设保守性溶质的扩散系数与反应物完全相同。图 5-6(a)中的白色虚线为修复液被完全消耗的截面，其与入口截面的距离即为反应羽 A 的长度 L，该长度可通过由 Cirpka 和 Valocchi[177]推导的解析公式求得。同样，在保持修复液浓度和单段筛孔长度不变的条件下，由上述解析解得到的反应羽长度为多筛孔井中可达到的最短长度，代表了多筛孔井系统可实现的最强混合与反应程度。若要达到上述目标，两条修复羽之间必须含有足够多的污染物，使得修复羽之间不发生相互作用。将该条件对应到保守性溶质运移中，保守性溶质羽在修复羽被消耗完全($x=L$)之前不能发生交互作用。

保守性溶质的特征弥散长度通常表示为

$$\delta_c = \sqrt{2Dt} \tag{5-1}$$

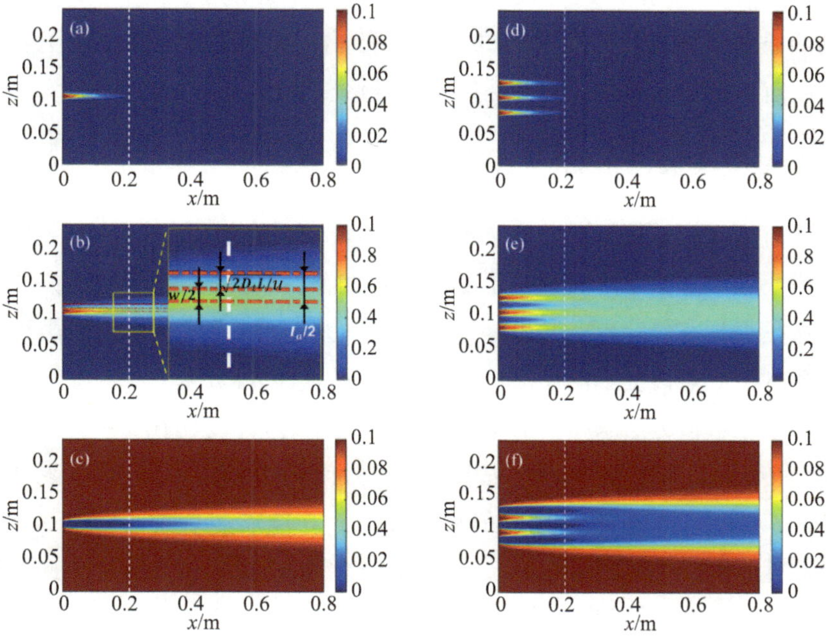

图 5-6　单个端口及 3 个端口注入条件下修复液(a 和 d)、保守性物质(b 和 e)及污染物(c 和 f)的浓度分布

采用该长度来定义有效注入间距 I_a 的解析表达式，可表示为

$$I_a = 2\left(\sqrt{2D_t \frac{L}{u}} + \frac{w}{2}\right) \tag{5-2}$$

公式括号中的两项分别为单条保守性溶质羽在 $x=L$ 时的特征弥散长度和单段筛孔长度的一半，如图 5-6(b)所示。

在此示例中，通过式(5-2)得到的 I_a 值为 2.3 cm。实际上，特征弥散长度代表了距离溶质羽质量中心的横向标准差[208]。大部分保守性物质都在横向标准差范围内，然而，仍有少量物质处于横向标准差范围外，导致实际情况与理想情况有所偏差，即在 $x=L$ 处，相邻的两条保守性溶质羽已经发生轻微交互。

图 5-6(d)和图 5-6(e)分别展示了当注入间距为 I_a 时，修复液和保守性溶质在多筛孔井中的浓度分布情况。白色虚线仍表示单孔注入时修复羽被完全消耗的截面。由图 5-6(d)可见，3 条修复羽在白色虚线处均消失了；而

图 5-6(e)中的 3 条保守性溶质羽在白色虚线处开始发生交互；图 5-6(f)中相邻的两条修复羽之间的污染物也被反应完了。以上现象定性说明了有效注入间距解析解可满足多筛孔井系统的最佳修复要求。

5.3.2.3 数值与解析方法的比较

通过数值和解析两种方法求得的有效注入间距值相差较大，其主要原因在于采用数值方法求解时遵循了更加严格的条件。然而，关于数值方法较解析方法是否具有修复提升效果这一点仍不清楚，下面通过定量比较两种注入间距条件下 3 条修复羽的反应情况，来探究最优注入间距。

对采用数值方法求得的有效间距进行模拟时，修复羽在 x=0.204 m 处被完全消耗，而对采用解析方法求得的有效间距进行模拟时，修复羽在 x=0.226 m 处才被消耗完全，两者的相对误差小于 10%。

此外，计算了反应物 A($M_{A,norm}$)和反应物 B($M_{B,norm}$)沿着流动方向的质量变化，这里采用的质量为标准化后的值，即垂直于 x 方向截面上的质量之和除以入口截面的质量，为无量纲数。除了上述推导过程中使用的示例外，还测试了 4 种其他工况，分别考虑了在不同注入浓度、单段筛孔长度、弥散系数和流速条件下，修复液和污染物沿着流动方向的质量变化。

图 5-7 展示了在数值和解析两种有效注入间距条件下，反应物 A 和 B 的标准化质量沿 x 方向的变化情况。实线表示数值方法的结果，叉号表示解析结果。从图 5-7 中可以看出，对于 5 种不同工况，通过解析和数值方法得到的沿着流动方向的反应物质量基本相同，仅在反应物 A 即将消失的地方有微小差异。同时，分别用数值和解析方法计算了表 5-1 中列出的 25 种工况下的有效注入间距及其多筛孔井系统模拟结果。尽管采用数值方法与解析方法求得的有效注入间距相差很大，但反应物 A 或反应物 B 的质量均非常接近，$M_{A,norm}$ 和 $M_{B,norm}$ 的最大相对误差分别为 4.2% 和 1.4%。产生这种微小差异的原因主要在于推导数值与解析有效注入间距时所采用的判据不同，数值方法中的条件更加严格。在解析推导过程中，允许两条保守性溶质羽在横截面上有少量交互，从而导致与理想情况有轻微出入；而在利用数值方法推求有效注入间距时，要求严格遵循理想情况，保证注入间距中含有足够多的反应物 B，并且相邻反应羽 A 之间不存在任何交互。

由于一个更小的注入间距有利于开设更多的注入筛孔，因此，对于特定的污染含水层，采用通过解析解求得的有效注入间距 I_a 作为多筛孔井系统的最优注入间距。

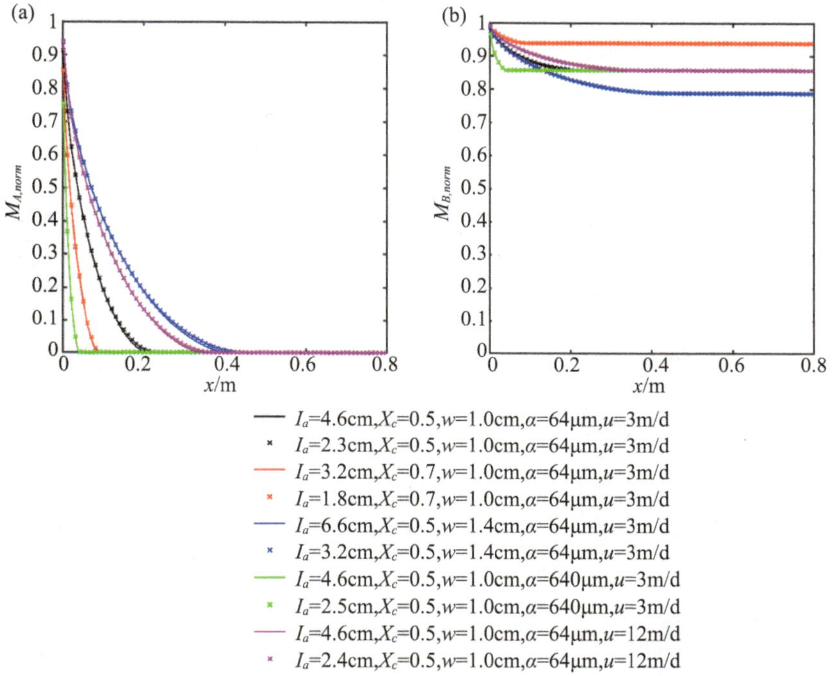

图 5-7　不同工况下反应物 A 和反应物 B 沿流动方向的标准化质量变化情况

5.3.3　多筛孔井系统功效

为进一步分析多筛孔井对污染地下水的修复效率，对比研究了传统的单筛孔井系统及多筛孔井系统修复污染地下水的情况。在单筛孔井系统中，修复液从一个 3 cm 长的筛孔段中注入，其他部分自然渗透污染物；在多筛孔井系统中，修复液从 3 个 1 cm 长的间隔筛孔段中注入，其他部分同样自然渗透污染物，筛孔段之间的距离设为 1.5 cm、2.3 cm 和 3.8 cm，分别代表小于、等于和大于最优注入间距的工况，其他参数设置与基本工况完全相同。

通过数值模拟可以得到不同工况下修复液(A)、污染物(B)和生成物(C)的浓度分布图，如图 5-8 所示。与实验观测结果一致，在传统的单筛孔井系统中(I=1 cm)形成了一条反应羽 A,并且横向弥散导致了两个反应物在反应羽边缘处发生混合,使得污染物 B 沿着流动方向逐渐被降解(见图 5-8(b)),生成物 C 逐渐增多(见图 5-8(c))。当采用多筛孔井系统注射修复液时,将形成 3 条修复羽(见图 5-8(d)、图 5-8(g)、图 5-8(j))。反应羽 A 的长度越短,表示修复液和污染物的混合、反应程度越大,多筛孔井的修复效率越高。多筛孔井系统增强混合的机理主要在于多条修复羽与污染物之间具有更大的接触面积。

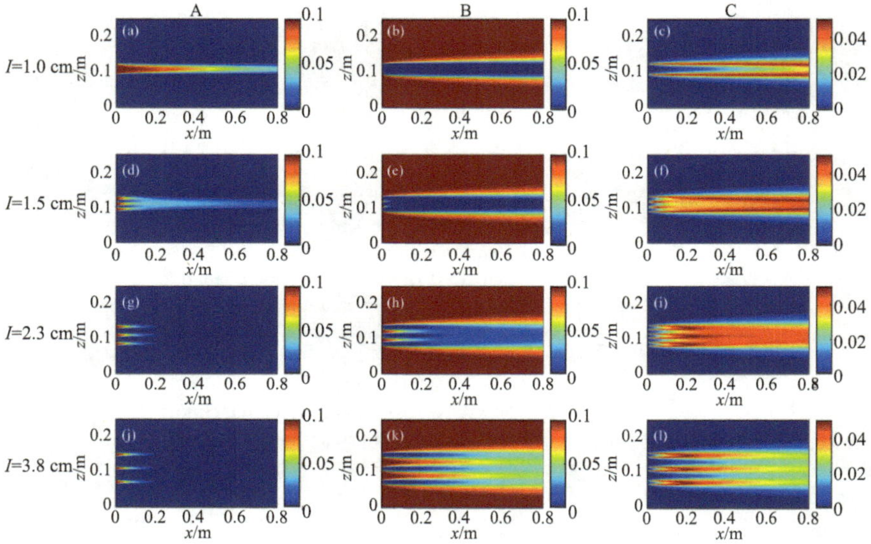

图 5-8　不同注入间距条件下修复液、污染物和生成物的浓度分布

针对多筛孔井系统,图 5-8(d)中的修复羽长度大于图 5-8(g),表明如果注入间距小于最优注入间距,则会降低多筛孔井的修复效率。造成该结果的主要原因是当修复液注入间距过小时,两条修复羽之间的污染物被快速反应完(见图 5-8(e)),而后相邻修复羽开始发生交互(图 5-8(d)),从而减少了与污染物的接触面积,使得修复效率大幅降低。相反,如果注入间距大于最优注入间距,多筛孔井的修复效率并不能得到额外提升,该结论可由图 5-8(g)和图 5-8(j)中相同的修复羽长度反映出来。图 5-8(h)与图 5-8(k),以及图 5-8(i)与图 5-8(l)之间的差异是由反应物 B 和产物 C 得到稀释的程度不同造成的,其总质量相同。

图 5-9 展示了修复液、污染物和生成物沿 x 方向的标准化质量变化情况，更清楚地显示了不同注入间距条件下的修复效率。与图 5-8 的模拟结果一致，单筛孔井系统中修复液和污染物的消耗量及生成物的生成量都是最低的（如图 5-9 中黑色实线所示）。当多筛孔井系统的注入间距小于最优注入间距时，由图 5-9 中红色虚线的梯度变化可以看出，前期修复液和污染物的反应速度较快，而在经过一个拐点后，反应速度迅速减慢，此处的拐点就是修复羽开始发生交汇的位置，该现象再次证明了多筛孔井系统主要通过增大污染物和修复液的接触面积来增强混合反应。图 5-9 中红色叉号和红色实线分别表示在等于和大于最优注入间距条件下的质量变化，可以发现，二者完全重合，再次证实了当注入间距大于最优注入间距时，修复效率并不会得到额外提升。

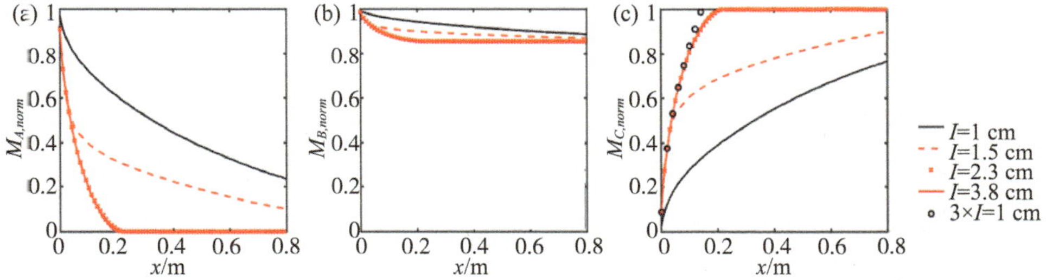

图 5-9　修复液、污染物和生成物沿着 x 方向的标准化质量变化情况

此外，图 5-9(c)还显示了单筛孔井系统中生成物 C 质量的 3 倍乘积值（黑色圆圈）。值得注意的是，这里仅考虑最优注入间距条件下多筛孔井中修复羽消失前的那一部分。从图 5-9(c)中可以发现，黑色圆圈几乎与红色十字号重合，表明在最优注入间距条件下的多筛孔井系统中，产物 C 的生成速率是单筛孔井系统的 3 倍，即多筛孔井系统对污染物的降解速率是单筛孔井系统的 3 倍。此处的巧合源于多筛孔井系统中修复液和污染物的接触面积是单筛孔井系统的 3 倍。图 5-9(c)中的红色虚线在前期也与黑色圆圈重合，而后逐渐偏离，开始发生偏离的位置就是相邻修复羽开始交汇的地方（见图 5-8）。当红色虚线偏离黑色圆圈后，其斜率与黑色实线的斜率十分接近，再次证明了随着修复羽的交汇，多筛孔井系统降解污染物的能力逐渐与传统单筛孔井系统靠近。由上述分析可知，如果多筛孔井系统有 N_r 条间隔的修复羽，并且修复羽之间具有足够的间距以保证相邻溶质羽之间不发生交互，那么该系统可以产生相较单筛孔井系统 N_r倍的接触面积，从而提供 N_r倍的修复效率。

5.3.4 敏感性分析

为研究多筛孔井系统设计参数及污染含水层地质条件对地下水修复效率的影响，利用数值模拟分析不同注入浓度、不同单段筛孔长度等设计参数，以及不同横向弥散系数、不同地下水流速等含水层地质条件对地下水修复效率的影响。由于所有工况中修复液在 $x=5$ cm 处的横截面上均有所剩余，因此选择该截面上修复液的标准化质量作为评价指标，来反映多筛孔井的修复效率。在敏感性分析中采用控制变量法，即每次仅研究某一变量发生变化时的结果，其他变量与基本工况保持一致。

5.3.4.1 多筛孔井系统设计参数敏感性分析

针对多筛孔井系统设计参数，图 5-10(a)和图 5-10(b)分别展示了改变多筛孔井系统注入浓度与单段筛孔长度时对应的最优注入间距及修复液在 $x=5$ cm 截面处的标准化质量(实心红色圆圈)。空心圆圈代表三维数据在 3 个不同平面上的投影，三角形代表从单筛孔井系统中得到的结果。可以发现，随着临界混合比的增大(即注入修复液浓度的减小)或单段筛孔长度的减小，多筛孔井系统的最优注入间距减小(见图 5-10(a)和图 5-10(b)中的紫色圆圈)，同时，横截面上修复液的标准化质量减小(见图 5-10(a)和图 5-10(b)中的蓝色圆圈)。

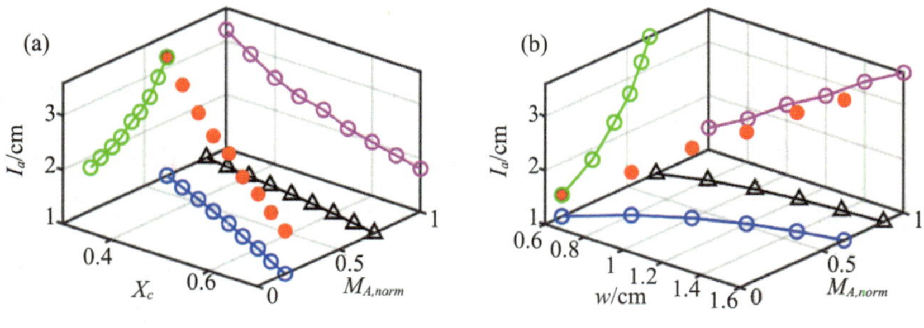

图 5-10 不同临界混合比(a)和单段筛孔长度(b)设置下多筛孔井最优注入间距及 $x=5$ cm 截面上修复液的标准化质量

由于修复液注入浓度或单段筛孔长度的改变会导致注入含水层中的修复液总质量不同，因此为了评估和比较不同工况下的修复效果，进一步计算了不同工况下 $x=5$ cm 横截面处被反应掉的修复液标准化质量（即 $1-M_{A,norm}$）与注入浓度或单段筛孔长度的乘积，计算结果列于表 5-2 中。从表中可以看出，注入浓度越大，被反应掉的修复液越多，被消耗的污染物也就越多；而单段筛孔长度的增加并不能显著增强特定截面上污染物的降解。

表 5-2　不同临界混合比和单段筛孔长度设置下，$x=5$ cm 横截面处反应程度的量化

X_c	0.3	0.35	0.4	0.45	0.5	0.55	0.6	0.65	0.7
$(1-M_{A,norm})\times c_{A,in}$/(mol·L^{-1})	0.085	0.078	0.070	0.064	0.058	0.053	0.047	0.041	0.036
$(1-M_{A,norm})\times c_{A,in}/I_a$/(mol·L^{-1}·m^{-1})	2.65	2.69	2.69	2.67	2.52	2.52	2.35	2.16	2.00
w/cm	0.6	0.8	1.0	1.2	1.4	1.6	—	—	—
$(1-M_{A,norm})\times w$/cm	0.54	0.57	0.58	0.58	0.58	0.58	—	—	—
$(1-M_{A,norm})\times w/I_a$	0.39	0.32	0.25	0.22	0.18	0.16	—	—	—

此外，对于给定的污染含水层，一个更小的注入间距允许开筛更多段数，从而形成更多条修复羽，进而增强污染物的降解。因此，通过计算修复液的消耗量与注入间距的比值（即 $(1-M_{A,norm})\times c_{A,in}/I_a$）来考虑所需注入间距的影响。该值越大，表示多筛孔井系统对污染含水层的修复效果越好，结果见表 5-2。在本研究案例中，建议采用较高的注入浓度（如 $X_c=0.35$）和较小的单段筛孔长度（如 $w=0.6$ cm），此时的多筛井系统对污染物的降解效果最好。需要注意的是，表 5-2 中的数值没有物理意义，它们只是用来比较不同工况下的反应，便于多筛孔井设计。对于 SSW 系统，由于横向混合和反应受到限制，因此注入浓度和筛孔长度的变化对修复效率影响较小。

5.3.4.2　污染含水层地质参数敏感性分析

为了研究不同地质条件下多筛孔井系统的修复效果，重点考虑污染含水层的流动和物质传输特性对多筛孔井的影响。本节通过改变污染含水层的横向弥散系数及地下水流速这两个关键因素来探究多筛孔井的修复效率。

不同横向弥散系数和地下水流速条件下的多筛孔井最优注入间距及 $x=5$ cm 截面处修复液的标准化质量结果如图 5-11(a)和图 5-11(b)所示。

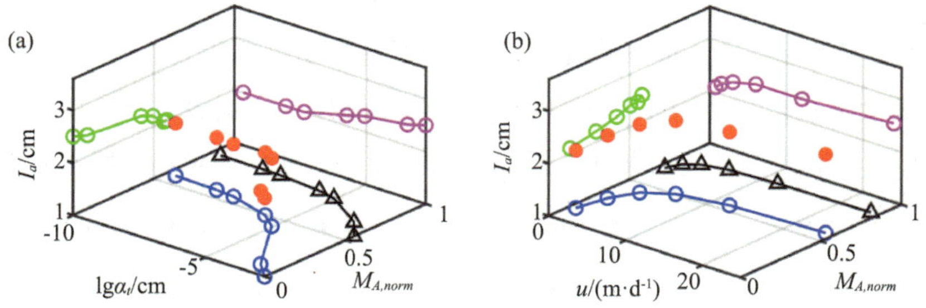

图 5-11　不同横向弥散(a)和地下水流速(b)条件下多筛孔井的最优注入间距及 $x=5$ cm 截面上修复液的标准化质量

同样，本节计算了 $x=5$ cm 横截面处被消耗修复液的标准化质量(即 $1-M_{A,norm}$)，以及其与注入间距 I_a 的比值，结果见表 5-3。

表 5-3　不同横向弥散系数和地下水流速设置下，$x=5$ cm 截面处反应程度的量化

a_t/μm	0	0.64	3.2	6.4	32	64	320	640
$1-M_{A,norm}$	0.42	0.42	0.43	0.44	0.51	0.58	0.91	1.00
$(1-M_{A,norm})/I_a$/(cm^{-1})	0.21	0.21	0.21	0.22	0.23	0.25	0.38	0.40
u/(m·d^{-1})	0.75	1.5	3.00	6.00	12.00	24.00	—	—
$1-M_{A,norm}$	0.87	0.71	0.58	0.5	0.45	0.42	—	—
$(1-M_{A,norm})/I_a$/(cm^{-1})	0.41	0.32	0.25	0.21	0.19	0.17	—	—

从图 5-11 和表 5-3 中可以发现，污染含水层的横向弥散系数越大，多筛孔井系统的最优注入间距越大(见图 5-11(a)中的紫色圆圈)，其对污染物的修复效果也越好(见图 5-11(a)中的蓝色圆圈及表 5-3 中的($1-M_{A,norm}$)值)；污染含水层的地下水流速越大，多筛孔井系统的最优注入间距越大(见图 5-11(b)中的紫色圆圈)，污染物的降解效率却变低了(见图 5-11(b)中的蓝色圆圈及表 5-3 中的($1-M_{A,norm}$)值)。对于一个给定的污染含水层，由表 5-3 中的($1-M_{A,norm}$)/I_a和($1-M_{A,norm}$)/I_a值可以得出，如果污染含水层的横向弥散系数越大，地下水流动速度越慢，多筛孔井的修复效果便越好。

5.4　小结

本章提出了一种通过多筛孔井(MSW)有效输送化学物质的新方法,可以在不增加能源或人工成本的前提下提高地下水原位修复效率。多筛孔井的基本思想是将注入的修复液分离成多条修复羽,利用横向弥散增大污染物和修复液的接触面积,从而增强污染物和修复液的混合与反应。为验证方法的可行性,采用室内砂槽实验和数值模拟两种方式研究二维均质多孔介质中的瞬时稳态反应,将从多筛孔井系统与传统单筛孔井系统中得到的结果进行比较。实验结果证实了多筛孔井系统的可行性,同时也验证了数值模拟的可靠性。此外,利用数值和解析两种方法推导了多筛孔井系统中修复液的有效注入间距,此时污染物和修复液的混合最充分。由于采用解析方法推导的有效注入间距小于通过数值方法得到的结果,对于特定含水层来说,采用解析方法推导的有效注入间距将允许更多段的开筛,有利于修复效率的提升,因此,该注入间距被定义为最优注入间距。当修复液的注入间距小于最优注入间距时,会导致注入修复羽之间的污染物不充足,修复羽将很快交汇,从而减小接触面积,降低修复效率;若大于最优注入间距则会导致污染物反应不完全。本章还研究了多筛孔井设计参数及不同地质条件对地下水修复效率的影响,在实际场地修复中,可参考通过敏感性分析得到的结果设计多筛孔井修复系统。

参考文献

[1] Kitanidis P K, McCarty P L. Delivery and mixing in the subsurface [M]. New York: Springer, 2012.

[2] Ye Y, Zhang Y, Lu C, et al. Effective chemical delivery through multi-screen wells to enhance mixing and reaction of solute plumes in porous media [J]. Water Resources Research, 2021, 57: e2020WR028551.

[3] Davis G B, Barber C, Power T R, et al. The variability and intrinsic remediation of a BTEX plume in anaerobic sulphate-rich groundwater [J]. Journal of Contaminant Hydrology, 1999, 36: 265-290.

[4] Thornton S F, Quigley S, Spence M J, et al. Process controlling the distribution and natural attenuation of dissolved phenolic compounds in a deep sandstone aquifer [J]. Journal of Contaminant Hydrology, 2001, 53: 233-267.

[5] Tuxen N, Albrechtsen H J, Bjerg P L. Identification of a reactive degradation zone at a landfill leachate plume fringe using high resolution sampling and incubation techniques [J]. Journal of Contaminant Hydrology, 2006, 85: 179-194.

[6] Anneser B, Einsiedl F, Meckenstock R U, et al. High-resolution monitoring of biogeochemical gradients in a tar oil-contaminated aquifer [J]. Applied Geochemistry, 2008, 23: 1715-1730.

[7] Amos R T, Berkins B A, Delin G N, et al. Methane oxidation in a crude oil contaminated aquifer: delineation of aerobic reactions at the plume fringes [J]. Journal of Contaminant Hydrology, 2011, 125: 13-25.

[8] Wiedemeier T H, Rifai H S, Newell C J, et al. Natural attenuation and fuels and chlorinated solvents in the subsurface [J]. Journal of Contaminant Hydrology, 1999, 42: 353-354.

[9] Mace R E, Fisher R S, Welch D, et al. Extent, mass, and duration of hydrocarbon plumes from leaking petroleum storage tank sites in Texas [R]. The University of Texas at Austin, Bureau of Economic Geology: Geologic Circular 97-1, 1997.

[10] Zarlenga A, Fiori A. Stochastic analytical modeling of the biodegradation of steady plumes [J]. Journal of Contaminant Hydrology, 2014, 157: 106-116.

[11] Liedl R, Yadav P K, Dietrich P. Length of 3-D mixing-controlled plumes for a fully

penetrating contaminant source with finite width [J]. Water Resources Research, 2011, 47: W08602.

[12] Cirpka O A, Rolle M, Chiogna G, et al. Stochastic evaluation of mixing-controlled steady-state plume lengths in two-dimensional heterogeneous domains [J]. Journal of Contaminant Hydrology, 2012, 138-139: 22-39.

[13] Bear J. Dynamics of fluids in porous media [M]. New York: American Elsevier Publishing Company, Inc, 1972.

[14] Willingham T W, Werth C J, Valocchi A J. Evaluation of the effects of porous media structure on mixing-controlled reactions using pore-scale modeling and micromodel experiments [J]. Environmental Science & Technology, 2008, 42(9): 3185-3193.

[15] Chiogna G, Cirpka O A, Grathwohl P, et al. Relevance of local compound-specific transverse dispersion for conservative and reactive mixing in heterogeneous porous media [J]. Water Resources Research, 2011, 47: W07540.

[16] Bauer R D, Rolle M, Bauer S, et al. Enhanced biodegradation by hydraulic heterogeneities in petroleum hydrocarbon plumes [J]. Journal of Contaminant Hydrology, 2009, 105: 56-68.

[17] Cirpka O A, Chiogna G, Rolle M, et al. Transverse mixing in three-dimensional non-stationary anisotropic heterogeneous porous media [J]. Water Resources Research, 2015, 51: 241-260.

[18] Slichter C. Field measurement of the rate of movement of underground waters [J]. U. S. Gelogical Survey Water-Supply and Irrigation Paper, 1905, 140(929): 282-291.

[19] Cirpka O A, de Barros F P J, Chiogna G, et al. Stochastic flux-related analysis of transverse mixing in two-dimensional heterogeneous porous media [J]. Water Resources Research, 2011, 47: W06515.

[20] Boving T, Grathwohl P. Tracer diffusion coefficients in sedimentary rocks correlation to porosity and hydraulic conductivity [J]. Journal of Contaminant Hydrology, 2001, 53: 85-100.

[21] Grathwohl P. Diffusion in natural porous media: contaminant transport, sorption/desorption, and dissolution kinetics [M]. Boston, MA: Kluwer Academic Publishers, 1998.

[22] De JosselinDe Jong G. Longitudinal and transverse diffusion in granular deposits [J]. EOS, Transactions American Geophysical Union, 1958, 39(1): 67-74.

[23] Saffman P G. A theory of dispersion in a porousmedium [J]. Journal of Fluid Mechanics, 1959, 6(3), 321-349.

[24] Freeze R A, Cherry J A. Groundwater [M]. Englewood Cliffs: Prentice-Hall, Inc., 1979.

[25] Scheidegger A E. Statistical hydrodynamic in porous media [J]. Journal of Applied Physics, 1954, 25: 994-1001.

[26] Huang W E, Oswald S E, Lerner D N, et al. Dissolved oxygen imaging in a porous medium to investigate biodegradation in aplumewith limited electron acceptor supply [J]. Environmental Science & Technology, 2003, 37: 1905-1911.

[27] Klenk I D, Grathwohl P. Transverse vertical dispersion in groundwater and the capillary fringe [J]. Journal of Contaminant Hydrology, 2002, 58: 111-128.

[28] Blackwell R J. Laboratory studies of microscopic dispersion phenomena [J]. Society of Petroleum Engineers Journal, 1962, 2(1): 1-8.

[29] Carvalho J, Delgado J. Lateral dispersion in liquid flow through packed beds at Pe < 1400 [J]. Aiche Journal, 2000, 46 (5): 1089-1095.

[30] Harleman D, Rumer R. Longitudinal and lateral dispersion in an isotropic porous medium [J]. Journal of Fluid Mechanics, 1963, 16 (3): 385-394.

[31] Olsson A, Grathwohl P. Transverse dispersion of non-reactive tracers in porous media: A new nonlinear relationship to predict dispersion coefficients [J]. Journal of Contaminant Hydrology, 2007, 92: 149-161.

[32] Delgado J, Carvalho J. Measurement of the coefficient of transverse dispersion in flow through packed beds for a wide range of values of the Schmidt number [J]. Transport in Porous Media, 2001, 44 (1): 165-180.

[33] Gutierrez Neri M. Aspects of transverse dispersion in porous media [D]. Utrecht: Utrecht University, 2009.

[34] Bear J, Bachmat Y. A generalized theory on hydrodynamic dispersion in porous media[J]. The International Union of Geodesy and Geophysics, 1967, 72: 7-16.

[35] Chiogna G, Eberhardt C, Grathwohl P, et al. Evidence of compound-dependent hydrodynamic and mechanical transverse dispersion by multitracer laboratory experiments [J]. Environmental Science & Technology, 2010, 44 (2): 688-693.

[36] Rolle M, Hochstetler D, Chiogna G, et al. Experimental investigation and pore-scale modeling interpretation of compound-specific transverse dispersion in porous media [J]. Transport in Porous Media, 2012, 93 (3): 347-362.

[37] Rolle M, Chiogna G, Hochstetler D L, et al. On the importance of diffusion and compound-specific mixing for groundwater transport: an investigation from pore to field scale [J]. Journal of Contaminant Hydrology, 2013, 153: 51-68.

[38] Rolle M, Kitanidis P K. Effects of compound-specific dilution on transient transport and solute breakthrough: a pore-scale analysis [J]. Advances in Water Resources, 2014, 71: 186-199.

[39] Hochstetler D L, Rolle M, Chiogna G, et al. Effects of compound-specific transverse mixing on steady-state reactive plumes: Insights from pore-scale simulations and Darcy-scale experiments [J]. Advances in Water Resources, 2013, 54: 1-10.

[40] Ye Y, Chiogna G, Cirpka O A, et al. Experimental investigation of compound-specific dilution of solute plumes in saturated porous media: 2-D vs. 3-D flow-through systems [J]. Journal of Contaminant Hydrology, 2015, 172: 33-47.

[41] 魏新平，王文焰，王全九. 用对流扩散方程确定非饱和土壤水动力弥散系数[J]. 灌溉排水学报，2000，19(2)：48-51.

[42] 钱家忠，刘咏，张勇，等. 多孔介质双分子反应溶质运移实验与模拟研究[J]. 中国科学技术大学学报，2013，43(2)：104-109.

[43] 赵丽，张慧旸，卫杰，等. 垃圾渗滤液中铁和铬在地下水中的迁移转化规律[J]. 环境科学与技术，2020，43(3)：74-79.

[44] 董贵明，常大海，田娟，等. 弥散尺度效应的试验研究进展与展望[J]. 水文，2017，37(2)：8-13+25.

[45] 卞建民，姜振蛟，张丽姝. 含水层中弥散系数的尺度效应[J]. 吉林大学学报(地球科学版)，2012，42(4)：1159-1165.

[46] 董书宁，戴振学，李竞生. 弥散系数在非均质多相岩层中的尺度效应[J]. 地学前缘，2010，17(3)：276-280.

[47] 王永森，陈建生，陈亮. 考虑弥散系数尺度效应的溶质运移模型研究[J]. 人民黄河，2008，11：60-62.

[48] Freyberg D L. A natural gradient experiment on solute transport in a sand aquifer: 2. Spatial moments and the advection and dispersion of nonreactive tracers [J]. Water Resources Research, 1986, 22(13): 2031-2046.

[49] Garabedian S P, LeBlanc D R, Gelhar L W, et al. Large-scale natural gradient tracer test in sand and gravel, Cape Cod, Massachusetts: 2. Analysis of spatial moments for a nonreactive tracer [J]. Water Resources Research, 1991, 27 (5): 911-924.

[50] Rubin Y, Sun A, Maxwell R, et al. The concept of block-effective macrodispersivity and a unified approach for grid-scale- and plume-scale-dependent transport [J]. Journal of Fluid Mechanics, 1999, 395: 161-180.

[51] Wang J, Kitanidis P K. Analysis of macrodispersion through volume averaging: comparison with stochastic theory [J]. Stochastic Environmental Research & Risk Assessment, 1999, 13(1-2): 66-84.

[52] Zheng C, Jiao J J. Numerical simulation of tracer tests in heterogeneous aquifer [J]. Journal of Environmental Engineering, 1998, 124(6): 510-516.

[53] Hochstetler D L, Barrash W, Leven C, et al. Hydraulic tomography: continuity and discontinuity of high-K and low-K zones [J]. Groundwater, 2016, 54(2): 171-185.

[54] Gelhar L W, Axness C L. Three-dimensional stochastic analysis of macrodispersion in aquifers [J]. Water Resources Research, 1983, 19: 161-180.

[55] Dagan G. Flow and transport in porous formations [M]. Berlin: Springer-Verlag, 1989.

[56] Rubin Y. Applied stochastic hydrogeology [M]. New York: Oxford University Press, 2003.

[57] Semprini L, Roberts P V, Hopkins G D, et al. Field evaluation of in situ biodegradation of chlorinated ethenes: Part 2, Results of biostimulation and biotransformation experiments [J]. Ground Water, 1990, 28: 715-727.

[58] Fetter C W. Applied hydrogeology (Fourth edition) [M]. Long Grove: Waveland Press, 2000.

[59] Cirpka O A, Frind E O, Helmig R. Numerical simulation of biodegradation controlled by transverse mixing [J]. Journal of Contaminant Hydrology, 1999, 40(2): 159-182.

[60] Maier U, Grathwohl P. Numerical experiments and field results on the size of steady state plumes [J]. Journal of Contaminant Hydrology, 2006, 85(1-2): 33-52.

[61] Tartakovsky A M, Tartakovsky G D, Scheibe T D. Effects of incomplete mixing on multicomponent reactive transport [J]. Advances in Water Resources, 2009, 32 (11): 1674-1679.

[62] Bauer R D, Rolle M, Kürzinger P, et al. Two-dimensional flow-through microcosms-Versatile test systems to study biodegradation processes in porous aquifers [J]. Journal of Hydrology, 2009, 369(3-4): 284-295.

[63] Rolle M, Chiogna G, Bauer R, et al. Isotopic fractionation by transverse dispersion: Flow-through microcosms and reactive transport modeling study [J]. Environmental Science & Technology, 2010, 44(16): 6167-6173.

[64] Herrera P A, Massabó M, Beckie R D. A meshless method to simulate solute transport in heterogeneous porous media [J]. Advances in Water Resources, 2009, 32(3): 413-429.

[65] Herrera P A, Valocchi A J, Beckie R D. A multidimensional streamline-based method to simulate reactive solute transport in heterogeneous porous media [J]. Advances in Water Resources, 2010, 33(7): 711-727.

[66] Liedl R, Valocchi A J, Dietrich P, et al. Finiteness of steady state plumes [J]. Water Resources Research, 2005, 41(12): W12501.

[67] Prommer H, Anneser B, Rolle M, et al. Biogeochemical and isotopic gradients in a BTEX/PAH contaminant plume: model-based interpretation of a high-resolution field data set [J]. Environmental Science & Technology, 2009, 43(21): 8206-8212.

[68] Adams E E, Gelhar L W. Field study of dispersion in a heterogeneous aquifer: 2. Spatial moment analysis [J]. Water Resources Research, 1992, 28(12): 3293-3308.

[69] Meng X, Shao J, Yin M, et al. Low velocity non-Darcian flow to a well fully penetrating a confined aquifer in the first kind of leaky aquifer system [J]. Journal of Hydrology, 2015, 530: 533-553.

[70] Neuman S P, Winter C L, Newman C M. Stochastic-theory of field scale fickian dispersion in anisotropic porous media [J]. Water Resources Research, 1987, 23(3): 453-466.

[71] Zheng C, Gorelick S M. Analysis of solute transport in flow fields influenced by preferential flowpaths at the decimetre scale [J]. Ground Water, 2003, 41(2): 142-155.

[72] Vittecoq B, Reninger P A, Lacquement F, et al. Hydrogeological conceptual model of andesitic watersheds revealed by high-resolution heliborne geophysics [J]. Hy-

drology and Earth System Sciences, 2019, 23(5): 2321-2338.

[73] Werth C J, Cirpka O A, Grathwohl P. Enhanced mixing and reaction through flow focusing in heterogeneous porous media [J]. Water Resources Research, 2006, 42: W12414.

[74] Rolle M, Eberhardt C, Chiogna G, et al. Enhancement of dilution and transverse reactive mixing in porous media: experiments and model-based interpretation [J]. Journal of Contaminant Hydrology, 2009, 110(3-4): 130-142.

[75] Ye Y, Chiogna G, Cirpka O A, et al. Enhancement of plume dilution in two-dimensional and three-dimensional porous media by flow focusing in high-permeability inclusions [J]. Water Resources Research, 2015, 51: 5582-5602.

[76] Le Borgne T, Huck P D, Dentz M, et al. Scalar gradients in stirred mixtures and the deconstruction of random fields [J]. Journal of Fluid Mechanics, 2017, 812: 578-610.

[77] De Anna P, Dentz M, Tartakovsky A, et al. The filamentary structure of mixing fronts and its control on reaction kinetics in porous media flows [J]. Geophysical Research Letters, 2014, 41: 4586-4593.

[78] Dentz M, Lester D R, Le Borgne T, et al. Coupled continuous-time random walks for fluid stretching in two-dimensional heterogeneous media [J]. Physical Review E, 2016, 94(6): 061102(R).

[79] Di Dato M, de Barros F P J, Fiori A, et al. Effects of the hydraulic conductivity microstructure on macrodispersivity [J]. Water Resources Research, 2016, 52: 6818-6832.

[80] Pedretti D, Fernàndez-Garcia D, Sanchez-Vila X, et al. Apparent directional mass-transfer capacity coefficients in three-dimensional anisotropic heterogeneous aquifers under radical convergent transport [J]. Water Resources Research, 2014, 50(2): 1205-1224.

[81] Hemker K, Bakker M. Analytical solutions for whirling groundwater flow in two-dimensional heterogeneous anisotropic aquifers [J]. Water Resources Research, 2006, 42: W12419.

[82] Hemker K, van den Berg E, Bakker M. Ground water whirls [J]. Ground Water, 2010, 42: 234-242.

[83] Stauffer F. Impact of highly permeable sediment units with inclined bedding on sol-

ute transport in aquifers [J]. Advances in Water Resources, 2007, 30: 2194-2201.

[84] Bennett J P, Haslauer C P, Cirpka O A. The impact of sedimentary anisotropy on solute mixing in stacked scour-pool structures [J]. Water Resources Research, 2017, 53: 2813-2832.

[85] Ursino N, Gimmi T, Flühler H. Combined effects of heterogeneity, anisotropy, and saturation on steady state flow and transport: A laboratory sand tank experiment [J]. Water Resources Research, 2001, 37: 201-208.

[86] Ye Y, Chiogna G, Cirpka O A, et al. Experimental evidence of helical flow in porous media [J]. Physical Review Letters, 2015, 115: 194502.

[87] Ye Y, Chiogna G, Cirpka O A, et al. Experimental investigation of transverse mixing in porous media under helical flow conditions [J]. Physical Review E, 2016, 94: 013113.

[88] Heinz J, Aigner T. Hierarchical dynamic stratigraphy in various Quaternary gravel deposits, Rhine glacier area (SW Germany): implications for hydrostratigraphy [J]. International Journal of Earth Sciences, 2003, 92(6): 923-938.

[89] Ye Y, Chiogna G, Lu C, et al. Effect of anisotropy structures on plume entropy and reactive mixing in helical flows [J]. Transport in Porous Media, 2018, 121: 315-332.

[90] Ye Y, Chiogna G, Lu C, et al. Plume deformation, mixing, and reaction kinetics: An analysis of interacting helical flows in three-dimensional porous media [J]. Physical Review E, 2020, 102: 013110.

[91] 林志芳，程希荣，张锐. 提高注水油田开发效果的探讨[J]. 石油学报，1985，6(8)：59-68.

[92] 韩再生. 垂向非均质含水层中的宏观弥散[J]. 工程勘察，1989(6)：27-31.

[93] 任理，王济，秦耀东. 非均质土壤饱和稳定流中盐分运移的传递函数模拟[J]. 水科学进展，2000，11(4)：392-400.

[94] 武新乾. 特征有限元法在土壤水分运动和溶质运移中的应用[D]. 西安：西安理工大学，2004.

[95] 吴军，梁冰. 重金属污染物在非均质储层中运移的环境预测模拟[J]. 防灾减灾工程学报，2005，25(3)：293-296.

[96] 陈彦，吴吉春. 含水层渗透系数空间变异性对地下水数值模拟的影响[J]. 水科学进展，2005，16(4)：482-487.

[97] 闫婷婷，吴剑锋. 渗透系数的空间变异性对污染物运移的影响研究[J]. 水科学进展，2006，17(1)：29-36.

[98] 高光耀，冯绍元，黄冠华. 饱和非均质土壤中溶质大尺度运移的两区模型模拟[J]. 土壤学报，2008，45(3)：398-404.

[99] 张弛，仵彦卿，覃荣高. 渗透系数升尺度对非均质含水层溶质迁移影响研究[J]. 水文地质工程地质，2014，41(5)：19-25+31.

[100] 张嘉. 随机分布非均质渗流场中溶质运移弥散度的数值模拟估算研究[D]. 北京：中国科学院大学，2010.

[101] 乔文静，叶淑君，吴吉春. 非均质孔隙介质中两相流的光透法应用研究[J]. 水文地质工程地质，2015，42(2)：112-119.

[102] 王泽坤. 含有透镜体的二维多孔介质溶质运移实验与模拟研究[D]. 合肥：合肥工业大学，2017.

[103] 郑菲，高燕维，徐红霞，等. 非均质性对DNAPL污染源区结构特征影响的实验研究[J]. 水文地质工程地质，2016，43(5)：140-148.

[104] Kitanidis P K. The concept of the dilution index [J]. Water Resources Research, 1994, 30: 2011-2026.

[105] de Barros F P J, Dentz M, Koch J, et al. Flow topology and scalar mixing in spatially heterogeneous flow fields [J]. Geophysical Research Letters, 2012, 39 (8): L08404.

[106] Rolle M, Kitanidis P K. Effects of compound-specific dilution on transient transport and solute breakthrough: A pore-scale analysis [J]. Advances in Water Resources, 2014, 71: 186-199.

[107] De Simoni M, Carrera J, Sanchez-Vila X, et al. A procedure for the solution of multi-component reactive transport problems [J]. Water Resources Research, 2005, 41(11): W11410.

[108] Luo J, Dentz M, Carrera J, et al. Effective reaction parameters for mixing-controlled reactions in heterogeneous media [J]. Water Resources Research, 2008, 44: W02416.

[109] Le Borgne T, Dentz M, Bolster D, et al. Non-Fickian mixing: Temporal evolution of the scalar dissipation rate in heterogeneous porous media [J]. Advances in Water Resources, 2010, 33: 1468-1475.

[110] Engdahl N B, Ginn T R, Fogg G E. Scalar dissipation rates in non-conservative

transport systems [J]. Journal of Contaminant Hydrology, 2013, 149: 46-60.

[111] Kapoor V, Kitanidis P K. Concentration fluctuations and dilution in two-dimensionally periodic heterogeneous porous media [J]. Transport in Porous Media, 1996, 22: 91-119.

[112] Bolster D, Valdés-Parada F J, Le Borgne T, et al. Mixing in confined stratified aquifers [J]. Journal of Contaminant Hydrology, 2011, 120-121: 198-212.

[113] Chiogna G, Hochstetler D L, Bellin A, et al. Mixing, entropy and reactive solute transport [J]. Geophysical Research Letters, 2012, 39: L20405.

[114] Chiogna G, Cirpka O A, Grathwohl P, et al. Transverse mixing of conservative and reactive tracers in porous media: quantification through the concepts of flux-related and critical dilution indices [J]. Water Resources Research, 2011, 47: W02505.

[115] Rolle M, Muniruzzaman M, Haberer C M, et al. Coulombic effects in advection-dominated transport of electrolytes in porous media: multicomponent ionic dispersion [J]. Geochimica et Cosmochimica Acta, 2013, 120: 195-205.

[116] Steefel C, Depaolo D, Lichtner P. Reactive transport modeling: An essential tool and a new research approach for the Earth sciences [J]. Earth and Planetary Science Letters,2005, 240(3-4): 539-558.

[117] de Anna P, Jimenez-Martinez J, Tabuteau H, et al. Mixing and reaction kinetics in porous media: an experimental pore scale quantification [J]. Environmental Science & Technology, 2014, 48(1): 508-516.

[118] Zhang C, Dehoff K, Hess N, et al. Pore-scale study of transverse mixing induced $CaCO_3$ precipitation and permeability reduction in a model subsurface sedimentary system [J]. Environmental Science & Technology, 2010, 44: 7833-7838.

[119] Acharya R C, Valocchi A J, Werth C J, et al. Pore-scale simulation of dispersion and reaction along a transverse mixing zone in two-dimensional porous media [J]. Water Resources Research, 2007, 43(10): W10435.

[120] Bijeljic B, Blunt M J. Pore-scale modeling of transverse dispersion in porous media [J]. Water Resources Research, 2007, 43(12): W12S11.

[121] Knutson C, Valocchi A, Werth C. Comparison of continuum and pore-scale models of nutrient biodegradation under transverse mixing conditions [J]. Advances in Water Resources, 2007, 30(6-7): 1421-1431.

[122] Porter M L, Valdés-Parada F J, Wood B D. Comparison of theory and experiments

for dispersion in homogeneous porous media [J]. Advances in Water Resources, 2010, 33: 1043-1052.

[123] Delgado J M P Q. A critical review of dispersion in packed beds [J]. Heat and Mass Transfer, 2006, 42(4): 279-310.

[124] Seagren E A, Rittmann B E, Valocchi A J. An experimental investigation of NAPL pool dissolution enhancement by flushing [J]. Journal of Contaminant Hydrology, 1999, 37(1-2): 111-137.

[125] Castro-Alcalá E, Fernàndez-Garcia D, Carrera J, et al. Visualization of mixing processes in a heterogeneous sand box aquifer [J]. Environmental Science & Technology, 2012, 46(6): 3228-3235.

[126] McNeil J D, Oldenborger G A, Schincariol R A. Quantitative imaging of contaminant distributions in heterogeneous porous media laboratory experiments [J]. Journal of Contaminant Hydrology, 2006, 84(1-2): 36-54.

[127] Danquigny C, Ackerer P, Carlier J P. Laboratory tracer tests on three-dimensional reconstructed heterogeneous porous media [J]. Journal of Hydrology, 2004, 294(1-3): 196-212.

[128] Gheith H M, Schwartz F W. Electrical and visual monitoring of small scale three-dimensional experiments [J]. Journal of Contaminant Hydrology, 1998, 34 (3): 191-205.

[129] Klise K A, Tidwell V C, McKenna S A. Comparison of laboratory-scale solute transport visualization experiments with numerical simulation using cross-bedded sandstone [J]. Advances in Water Resources, 2008, 31(12): 1731-1741.

[130] Oswald S E, Kinzelbach W. Three-dimensional physical benchmark experiments to test variable-density flow models [J]. Journal of Hydrology, 2004, 290 (1-2): 22-42.

[131] Oswald S, Kinzelbach W, Greiner A, et al. Observation of flow and transport processes in artificial porous media via magnetic resonance imaging in three dimensions [J]. Geoderma, 1997, 80(3-4): 417-429.

[132] Stohr M, Roth K, Jahne B. Measurement of 3D pore-scale flow in index-matched porous media [J]. Experiments in Fluids, 2013, 35(2): 159-166.

[133] Haberer C M, Rolle M, Cirpka O A, et al. Impact of heterogeneity on oxygen transfer in a fluctuating capillary fringe [J]. Ground Water, 2015, 53: 57-70.

[134] Haberer C M, Rolle M, Cirpka O A, et al. Oxygen transfer in a fluctuating capillary fringe [J]. Vadose Zone Journal, 2012, 11(3): vzj2011.0056.

[135] Robbins G A. Methods for determing transverse dispersion coefficients of porous media in laboratory column experiments [J]. Water Resources Research, 1989, 25 (6): 1249-1258.

[136] Domenico P A, Palciauskas V. Alternative boundaries in solid waste management [J]. Ground Water, 1982, 20(3): 303-311.

[137] Srinivasan V, Clement T P, Lee K K. Domenico solution—is it valid? [J]. Ground Water, 2007, 45(2): 136-146.

[138] Coleman T F, Li Y. An interior, trust region approach for nonlinear minimization subject to bounds [J]. Siam Journal on Optimization, 1996, 6: 418-445.

[139] Scheidegger A E. General theory of dispersion in porous media [J]. Journal of Geophysical Research, 1961, 66(10): 3273-3278.

[140] Grane F E, Gardner G H F. Measurements of transverse dispersion in granular media [J]. Journal of Chemical & Engineering Data, 1996, 6: 283-287.

[141] Harleman D R F, Rumer R R. Longitudinal and lateral dispersion in an isotropic porous medium [J]. Journal of Fluid Mechanics, 1964, 16 (3): 385-394.

[142] Schwille F, Pankow, J F. Dense chlorinated solvents in porous and fractured media: Model experiments [M]. Boca Raton: Lewis Publishers, 1988.

[143] Chiogna G, Rolle M, Bellin A, et al. Helicity and flow topology in three-dimensional anisotropic porous media [J]. Advances in Water Resources, 2014, 73: 134-143.

[144] Prommer H, Tuxen N, Bjerg P. Fringe-controlled natural attenuation of phenoxy acids in a landfill plume: Integration of field-scale processes by reactive transport modeling [J]. Environmental Science & Technology, 2006, 40: 4732-4738.

[145] van der Kamp G, Luba L D, Cherry J A, et al. Field study of a long and very narrow contaminant plume [J]. Ground Water, 1994, 32(6): 1008-1016.

[146] Zarlenga A, Fiori A. Steady plumes in heterogeneous porous formations: A stochastic Lagrangian approach [J]. Water Resources Research, 2013, 49: 864-873.

[147] Bjerg P L, Tuxen N, Reitzel L A, et al. Natural attenuation processes in landfill leachate plumes at three Danish sites [J]. Ground Water, 2011, 49(5): 688-705.

[148] Cirpka O A, Olsson A, Ju Q, et al. Determination of transverse dispersion coefficients from reactive plume lengths [J]. Ground Water, 2006, 44(2): 212-221.

[149] Lerner D N, Thornton S F, Spence M J, et al. Ineffective natural attenuation of degradable organic compounds in a phenol-contaminated aquifer [J]. Ground Water, 2000, 38(6): 922-928.

[150] Annable M D, Hatfield K, Cho J, et al. Field-scale evaluation of the passive fluxmeter for simultaneous measurement of groundwater and contaminant fluxes [J]. Environmental Science & Technology, 2005, 39(18): 7194-7201.

[151] Devlin J F, Schilling P C, Bowen I, et al. Applications and implications of direct groundwater measurement at the centimetre scale [J]. Journal of Contaminant Hydrology, 2012, 127(1-4): 3-14.

[152] Haberer C M, Rolle M, Cirpka O A, et al. Impact of heterogeneity on oxygen transfer in a fluctuating capillary fringe [J]. Ground Water, 2015, 53(1): 57-70.

[153] de Dreuzy J-R, Carrera J, Dentz M, et al. Time evolution of mixing in heterogeneous porous media [J]. Water Resources Research, 2012, 48: W06511.

[154] Herrera P A, Valocchi A J. Positive solution of two-dimensional solute transport in heterogeneous aquifers [J]. Ground Water, 2006, 44(6): 803-813.

[155] Porta G M, Chaynikov S, Thovert J, et al. Numerical investigation of pore and continuum scale formulations of bimolecular reactive transport in porous media [J]. Advances in Water Resources, 2013, 62: 243-253.

[156] Rashidi M, Feurrung L, Tompson A F B, et al. Experimental analysis of pore-scale flow and transport in porous media [J]. Advances in Water Resources, 1996, 19(3): 163-180.

[157] Silliman S E. The importance of the third dimension on transport through saturated porous media: Case study based on transport of particles [J]. Journal of Hydrology, 1996, 179(1-4): 181-195.

[158] Yoon H, McKenna S A. Highly parameterized inverse estimation of hydraulic conductivity and porosity in a three-dimensional, heterogeneous transport experiment [J]. Water Resources Research, 2012, 48: W10536.

[159] Chen Q, Kinzelbach W, Oswald S. Nuclear magnetic resonance imaging for studies of flow and transport in porous media [J]. Journal of Environmental Quality, 2002, 31(2): 477-486.

[160] Marica F, Jofre S A, Mayer K U, et al. Determination of spatially-resolved porosity, tracer distributions and diffusion coefficients in porous media using MRI meas-

urements and numerical simulations [J]. Journal of Contaminant Hydrology, 2011, 125(1-4): 47-56.

[161] Cirpka O A, Attinger S. Effective dispersion in heterogeneous media under random transient flow conditions [J]. Water Resources Research, 2003, 39(9): 1257.

[162] Dentz M, Carrera J. Effective dispersion in temporally fluctuating flow through a heterogeneous medium [J]. Physical Review E, 2003, 68(3): 036310.

[163] Renard P, Allard D. Connectivity metrics for subsurface flow and transport [J]. Advances in Water Resources, 2013, 51: 168-196.

[164] Pedretti D, Fernandez-Garcia D, Bolster D, et al. On the formation of breakthrough curves tailing during convergent flow tracer tests in three-dimensional heterogeneous aquifers [J]. Water Resources Research, 2013, 49: 4157-4173.

[165] Rahman M A, Jose S C, Nowak W, et al. Experiments on vertical transverse mixing in a large-scale heterogeneous model aquifer [J]. Journal of Contaminant Hydrology, 2005, 80(3-4): 130-148.

[166] Hazen A. Some physical properties of sands and gravels with special reference to their use in filtration [J]. Annual Reports Massachusetts State Health Board, 1892, 24: 541-556.

[167] van Genuchten M T. A closed-form equation for predicting the hydraulic conductivity in unsaturated soils [J]. Soil Science Society of America Journal, 1980, 44(5): 892-898.

[168] Carsel R F, Parrish R S. Developing joint probability distributions of soil water retention characteristics [J]. Water Resources Research, 1988, 24(5): 755-769.

[169] Pollock D W. Semianalytical computation of path lines for finite-difference models [J]. Ground Water, 1988, 26(6): 743-750.

[170] Worch E. A new equation for the calculation of diffusion coefficients of dissolved substances [J]. Vom Wasser, 1993, 81, 289-297.

[171] Atkins P W. Physical chemistry (Fourth edition) [M]. Oxford: Oxford University Press, 1990.

[172] Scheven U M. Pore-scale mixing and transverse dispersivity of randomly packed monodisperse spheres [J]. Physical Review Letters, 2013, 110: 214504.

[173] Chiogna G, Cirpka O A, Rolle M, et al. Helical flow in three-dimensional nonstationary anisotropic heterogeneous porous media [J]. Water Resources Research,

2015, 51: 261.

[174] Bijeljic B, Raeini A, Mostaghimi P, et al. Predictions of non-Fickian solute transport in different classes of porous media using direct simulation on pore-scale images [J]. Physical Review E, 2013, 87: 013011.

[175] Scheven U M, Khirevich S, Daneyko A, et al. Longitudinal and transverse dispersion in flow through random packings of spheres: A quantitative comparison of experiments, simulations, and models [J]. Physical Review E, 2014, 89: 053023.

[176] Bakker M, Hemker K. Analytic solutions for groundwater whirls in box-shaped, layered anisotropic aquifers [J]. Advances in Water Resources, 2004, 27: 1075.

[177] Cirpka O A, Valocchi A J. Two-dimensional concentration distribution for mixing-controlled bioreactive transport in steady state [J]. Advances in Water Resources, 2007, 30: 1668-1679.

[178] Bennett J P, Haslauer C P, Cirpka O A. The impact of sedimentary anisotropy on solute mixing in stacked scour-pool structures [J]. Water Resources Research, 2017, 53: 2813-2832.

[179] Kelley D H, Ouellette N T. Separating stretching from folding in fluid mixing [J]. Nature Physics, 2011, 7(6): 477-480.

[180] Lee R, Kelley D H, Norfstrom K N, et al. Quantifying stretching and rearrangement in epithelial sheet migration [J]. New Journal of Physics, 2013, 15(2).

[181] Falk M L, Langer J S. Dynamics of viscoplastic deformation in amorphous solids [J]. Physical Review E, 1998, 57(6): 7192-7205.

[182] Bear J, Sun Y. Optimization of pump-treat-inject (PTI) design for the remediation of a contaminated aquifer: multi-stage design with chance constraints [J]. Journal of Contaminant Hydrology, 1998, 29(3): 225-244.

[183] Bekele D N, Du J, de Freitas L G, et al. Actively facilitated permeable reactive barrier for remediation of TCE from a low permeability aquifer: Field application [J]. Journal of Hydrology, 2019, 572: 592-602.

[184] Brusseau M L, Guo Z. Assessing contaminant-removal conditions and plume persistence through analysis of data from long-term pump-and-treat operations [J]. Journal of Contaminant Hydrology, 2014, 164: 16-24.

[185] Gibert O, Assal A, Devlin H, et al. Performance of a field-scale biological permeable reactive barrier for in-situ remediation of nitrate-contaminated groundwater [J].

Science of the Total Environment, 2019, 659: 211-220.

[186] Oostrom M, Hofstee C, Walker R C, et al. Movement and remediation of trichloroethylene in a saturated, heterogeneous porous medium: 2. Pump-and-treat and surfactant flushing [J]. Journal of Contaminant Hydrology, 1999, 37(1-2): 179-197.

[187] Devlin J F, Katic D, Barker J F. In situ sequenced bioremediation of mixed contaminants in groundwater [J]. Journal of Contaminant Hydrology, 2004, 69(3-4): 233-261.

[188] Domenico P A, Schwartz F W. Physical and chemical hydrogeology (Second edition) [M]. New York: John Wiley & Sonc, 1997.

[189] Barbaro J R, Barker J F, Lemon L A, et al. Biotransformation of BTEX under anaerobic, denitrifying conditions: field and laboratory observations [J]. Journal of Contaminant Hydrology, 1992, 11(3-4): 245-272.

[190] Chapman S W, Byerley B T, Smyth D J A, et al. A pilot test of passive oxygen release for enhancement of in situ bioremediation of BTEX-contaminated ground water [J]. Groundwater Monitoring & Remediation, 1997, 17(2): 93-105.

[191] Gersberg R M, Korth K G, Rice L E, et al. Chemical and microbial evaluation of in-situ bioremediation of hydrocarbons in anoxic groundwater enriched with nutrients and nitrate [J]. World Journal of Microbiology and biotechnology, 1995, 11(5): 549-558.

[192] Hopkins G D, McCarty P L. Field evaluation of in situ aerobic cometabolism of trichloroethylene and three dichloroethylene isomers using phenol and toluene as the primary substrates [J]. Environmental Science & Technology, 1995, 29(6): 1628-1637.

[193] Di Dato M, de Barros F P J, Fiori A, et al. Improving the efficiency of 3-D hydrogeological mixers: Dilution enhancement via coupled engineering-induced transient flows and spatial heterogeneity [J]. Water Resources Research, 2018, 54(3): 2095-2111.

[194] Trefry M G, Lester D R, Metcalfe G, et al. Toward enhanced subsurface intervention methods using chaotic advection [J]. Journal of Contaminant Hydrology, 2012, 127(1-4): 15-29.

[195] Zhang P, Devries S L, Dathe A, et al. Enhanced mixing and plume containment in porous media under time-dependent oscillatory flow [J]. Environmental Science &

Technology, 2009, 43(16): 6283-6288.

[196] Burbery L F, Flintoft M J, Close M E. Application of the re-circulating tracer well test method to determine nitrate reaction rates in shallow unconfined aquifers [J]. Journal of Contaminant Hydrology, 2013, 145: 1-9.

[197] Gandhi R K, Hopkins G D, Goltz M N, et al. Full-scale demonstration of in situ co-metabolic biodegradation of trichloroethylene in groundwater 1. Dynamics of a recirculating well system [J]. Water Resources Research, 2002, 38(4): WR000379.

[198] Luo J, Kitanidis P K. Fluid residence times within a recirculation zone created by an extraction-injection well pair [J]. Journal of Hydrology,2004, 295(1-4): 149-162.

[199] Luo J, Wu W, Fienen M N, et al. A nested-cell approach for in situ remediation [J]. Groundwater, 2006, 44(2): 266-274.

[200] Luo J, Wu W M, Carley J, et al. Hydraulic performance analysis of a multiple injection-extraction well system [J]. Journal of Hydrology, 2007, 336(3-4): 294-302.

[201] Li L, Steefel C I, Kowalsky M B, et al. Effects of physical and geochemical heterogeneities on mineral transformation and biomass accumulation during biostimulation experiments at Rifle, Colorado [J]. Journal of Contaminant Hydrology, 2010, 112 (1-4): 45-63.

[202] Li L, Steefel C I, Williams K H, et al. Mineral transformation and biomass accumulation associated with uranium bioremediation at Rifle, Colorado [J]. Environmental Science & Technology, 2009, 43(14): 5429-5435.

[203] Williams K H, Long P E, Davis J A, et al. Acetate availability and its influence on sustainable bioremediation of uranium-contaminated groundwater [J]. Geomicrobiology Journal, 2011, 28(5-6): 519-539.

[204] Mays D C, Neupauer R M. Plume spreading in groundwater by stretching and folding [J]. Water Resources Research,2012, 48(7): 1-10.

[205] Neupauer R M, Meiss J D, Mays D C. Chaotic advection and reaction during engineered injection and extraction in heterogeneous porous media [J]. Water Resources Research,2014, 50(2): 1433-1447.

[206] Piscopo A N, Kasprzyk J R, Neupauer R M. An iterative approach to multi-objective engineering design: Optimization of engineered injection and extraction for enhanced groundwater remediation [J]. Environmental Modelling & Software,2015, 69: 253-261.

[207] Piscopo A N, Neupauer R M, Mays D C. Engineered injection and extraction to enhance reaction for improved in situ remediation [J]. Water Resources Research, 2013, 49(6): 3618-3625.

[208] Fetter C W, Boving T, Kreamer D. Contaminant hydrogeology (Third edition) [M]. Long Grove: Waveand Press, 2018.

附录 A　均质多孔介质中稳态溶质羽通量相关的稀释指数的半解析解推导

考虑准二维均质区域中线源和三维均质多孔介质中正方形源在连续释放条件下稳态溶质羽的稀释问题。在以上两种条件下，通量相关的稀释指数的半解析表达式必须满足表 A-1 中所列的两个渐近极值。

表 A-1　通量相关的稀释指数解析解极值

极限	表述	线源(准二维) E_Q理论值	正方形源(三维) E_Q理论值
$\varepsilon_z \to 0, \varepsilon_y \to 0$	源处的稀释	ZWq_x	YZq_x
$\varepsilon_z \to \infty, \varepsilon_y \to \infty$	距源无限远处的稀释	$W\sqrt{4\pi\exp(1)nxD_t q_x}$	$4\pi\exp(1)nxD_t$

根据表 A-1 中给出的限制条件，Chiogna 等[114]推导出了用于估算准二维系统中通量相关的稀释指数半解析表达式：

$$E_Q(\varepsilon_z) = ZWq_x\left[1-\sqrt{\frac{4\pi\varepsilon_z}{4\pi\varepsilon_z+1}}+\sqrt{4\pi\exp(1)\varepsilon_z}\right] \tag{A-1}$$

式中，Z 为源的高度，m；W 为准二维区域的宽度，m；q_x 为纵向达西速度分量，m/s；ε_z 为垂向动力学 Péclet 数的倒数。式(A-1)中的第一个根式是一个函数，使其可以实现在表 A-1 中所示的两个极限情况之间转换。

假如将式(A-1)直接应于三维系统，将导致求得的稀释指数值小于式(1-9)的数值积分值。因此，在三维系统中引入一个修正因子 $f(\varepsilon_z)=\sqrt{a\varepsilon_z}$，以提高数据与式(1-9)积分结果的吻合度(见图 A-1)。准二维和三维情况下通量相关的稀释指数半解析表达式如下：

$$\text{准二维：}E_Q(\varepsilon_z) = ZWq_x\left[1-\sqrt{\frac{4\pi\varepsilon_z}{4\pi\varepsilon_z+1+f(\varepsilon_z)}}+\sqrt{4\pi\exp(1)\varepsilon_z}\right] \tag{A-2}$$

$$三维：E_Q(\varepsilon_y,\varepsilon_z)=YZq_x\left[1-\sqrt{\frac{4\pi\varepsilon_y}{4\pi\varepsilon_y+1+f(\varepsilon_y)}}+\sqrt{4\pi\exp(1)\varepsilon_y}\right]\cdot\left[1-\sqrt{\frac{4\pi\varepsilon_z}{4\pi\varepsilon_z+1+f(\varepsilon_z)}}+\sqrt{4\pi\exp(1)\varepsilon_z}\right] \tag{A-3}$$

经过对大范围变化的动力学 Péclet 数倒数的拟合，得到 a 值为 5，即修正因子为 $f(\varepsilon_y)=\sqrt{5\varepsilon_y}$ 和 $f(\varepsilon_z)=\sqrt{5\varepsilon_z}$。

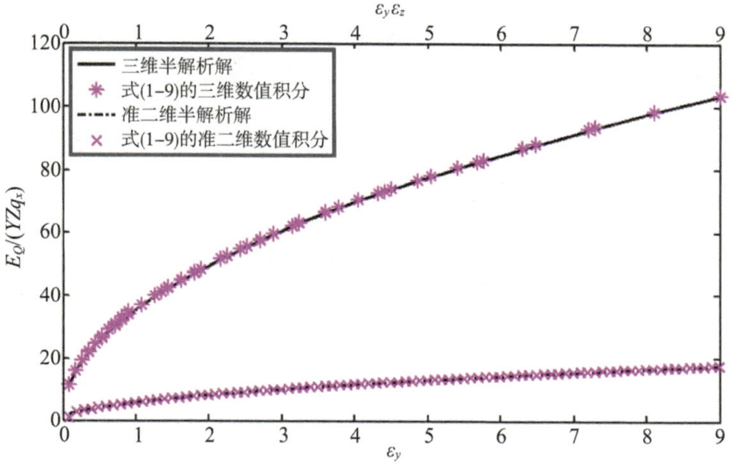

图 A-1　式(1-9)的数值积分结果与半解析解之间的比较

附录 B　三维均质各向同性多孔介质中反应羽长度的解析解推导

本附录推导了用于计算三维均质各向同性多孔介质中稳态反应羽长度的公式。考虑一个正方形连续注入源，三维稳态保守性溶质分布的解析解为

$$X(x,y,z)=\frac{1}{4}\left[\operatorname{erf}\left(\frac{y+Y/2}{2\sqrt{D_t x/u}}\right)-\operatorname{erf}\left(\frac{y-Y/2}{2\sqrt{D_t x/u}}\right)\right]\cdot\left[\operatorname{erf}\left(\frac{z+Z/2}{2\sqrt{D_t x/u}}\right)-\operatorname{erf}\left(\frac{z-Z/2}{2\sqrt{D_t x/u}}\right)\right] \tag{B-1}$$

在反应羽的末端，混合比在 y-z 截面的中心点处（$y=z=0$）达到临界值，即 $X=X_{crit}$，此时的式(B-1)可以简化为

$$X_{crit}=\left[\operatorname{erf}\left(\frac{Y/2}{2\sqrt{D_t L/u}}\right)\right]\left[\operatorname{erf}\left(\frac{Z/2}{2\sqrt{D_t L/u}}\right)\right] \tag{B-2}$$

由于源为正方形，即 $Y=Z$，式(B-2)可以进一步简化为

$$X_{crit}=\left[\operatorname{erf}\left(\frac{Y/2}{2\sqrt{D_t L/u}}\right)\right]^2=\left[\operatorname{erf}\left(\frac{Z/2}{2\sqrt{D_t L/u}}\right)\right]^2 \tag{B-3}$$

由此可以得到反应羽长度 L：

$$L=\frac{uY^2}{16D_t\left[\operatorname{erf}^{-1}(\sqrt{X_{crit}})\right]^2} \tag{B-4}$$

附录C　三维均质各向同性多孔介质中溶质羽临界稀释指数的解析解推导

临界稀释指数量化了由混合控制的反应羽被完全降解所需达到的质量通量稀释程度，直接连接了保守性与反应性溶质运移过程。当三维系统中的源为正方形($Y=Z$)时，垂向和侧向的动力学 Péclet 数的倒数可以表示为

$$\varepsilon_y=\varepsilon_z=\frac{nxD_t}{q_xY^2} \tag{C-1}$$

考虑反应羽被完全降解处的纵向距离($x=L$)，将式(C-1)代入式(4-3)可以得到

$$\varepsilon_y=\varepsilon_z=\frac{1}{16\left[\mathrm{erf}^{-1}(\sqrt{X_{crit}})\right]^2} \tag{C-2}$$

将逆误差函数的泰勒表达式取一阶近似，即 $\mathrm{erf}^{-1}(\sqrt{X_{crit}})\approx\frac{1}{2}\sqrt{\pi X_{crit}}$，式(C-2)可转化为

$$\varepsilon_y=\varepsilon_z=\frac{1}{4\pi X_{crit}} \tag{C-3}$$

三维均质设置中保守性溶质通量相关的稀释指数半解析解表达式为

$$E_Q(\varepsilon_y,\varepsilon_z)=YZq_x\left[1-\sqrt{\frac{4\pi\varepsilon_y}{4\pi\varepsilon_y+1+f(\varepsilon_y)}}+\sqrt{4\pi\exp(1)\varepsilon_y}\right]\cdot\left[1-\sqrt{\frac{4\pi\varepsilon_z}{4\pi\varepsilon_z+1+f(\varepsilon_z)}}+\sqrt{4\pi\exp(1)\varepsilon_z}\right] \tag{C-4}$$

对于足够长的溶质羽(即 X_{crit} 足够小)来说，式(C-4)两个中括号内的第二项为 1。由此，括号里的两项可以简化为 $\sqrt{4\pi\exp(1)\varepsilon_y}$ 和 $\sqrt{4\pi\exp(1)\varepsilon_z}$。将动力学 Péclet 数的倒数，即式(C-3)代入式(C-4)，可以得到

$$E_Q(L)=YZq_x\frac{\exp(1)}{X_{crit}} \tag{C-5}$$

注意，YZq_x为通过源的流量，等于入口处通量相关的稀释指数。因此，临界稀释指数可以表示为

$$E_Q(L) = \frac{E_Q(0)}{X_{crit}}\exp(1) \tag{C-6}$$